Python推荐系统实战

基于深度学习、NLP和图算法的应用型推荐系统

[印]

阿克谢·库尔卡尼（Akshay Kulkarni）
阿达沙·希瓦南达（Adarsha Shivananda）
安努什·库尔卡尼（Anoosh Kulkarni）
V.阿迪西亚·克里希南（V.Adithya Krishnan）

/著　欧　拉/译

清华大学出版社
北京

内 容 简 介

本书分为 4 部分，包含 11 章。首先介绍推荐系统的基本方法，接着探讨当前流行的一些方法，具体包括协同过滤推荐系统、内容推荐系统以及混合推荐系统。接下来讨论如何运用当前的机器学习算法来实现推荐系统。最后讨论推荐系统的相关趋势和新兴技术。

本书特别适合零基础的数据科学工作者参考和使用。它可以帮助读者从基础知识起步，逐步学习运用 Python、深度学习和自然语言处理技术来构建推荐系统，以促进业务增长和提高客户忠诚度。

北京市版权局著作权合同登记号　图字：01-2023-2229

First published in English under the title
Applied Recommender Systems with Python: Build Recommender Systems with Deep Learning, NLP and Graph-Based Techniques
by Akshay Kulkarni, Adarsha Shivananda, Anoosh Kulkarni, V Adithya Krishnan, 1st Edition
Copyright © 2023 by Akshay Kulkarni, Adarsha Shivananda，Anoosh Kulkarni, V. Adithya Krishnan
This edition has been translated and published under licence from
APress Media, LLC, part of Springer Nature.

图书在版编目(CIP)数据

Python推荐系统实战：基于深度学习、NLP和图算法的应用型推荐系统 / （印）阿克谢·库尔卡尼（Akshay Kulkarni）等著；欧拉译. —北京：清华大学出版社，2024.3
ISBN 978-7-302-65740-8

Ⅰ. ①P⋯　Ⅱ. ①阿⋯ ②欧⋯　Ⅲ. ①软件工具—程序设计　Ⅳ. ①TP311.561

中国国家版本馆CIP数据核字（2024）第052042号

责任编辑：文开琪
封面设计：李　坤
责任校对：方　婷
责任印制：杨　艳
出版发行：清华大学出版社
　　　　　网　　　址：https://www.tup.com.cn, https://www.wqxuetang.com
　　　　　地　　　址：北京清华大学学研大厦A座　　　　　邮　　编：100084
　　　　　社 总 机：010-83470000　　　　　　　　　　邮　　购：010-62786544
　　　　　投稿与读者服务：010-62776969, c-service@tup.tsinghua.edu.cn
　　　　　质量反馈：010-62772015, zhiliang@tup.tsinghua.edu.cn
印 装 者：天津鑫丰华印务有限公司
经　　销：全国新华书店
开　　本：178mm×230mm　　　印　　张：13　　　字　　数：277千字
版　　次：2024年5月第1版　　　　　　　　　　印　　次：2024年5月第1次印刷
定　　价：99.00元

产品编号：102437-01

前　言

近些年来，推荐系统受到了广泛关注，并在不同领域得到广泛应用，有效推动了销量和利润的增长。在这样的背景下，掌握推荐系统的开发技能成为了一项重要的加分项。本书专为有此需求的读者设计，即便是零基础的读者，也能通过本书掌握推荐系统的相关概念，并学会如何开发推荐系统。

本书分为 4 部分，包含 11 章。第 I 部分包含第 1 章和第 2 章，介绍了推荐系统的基本概念和方法。第 II 部分包含第 3 章到第 6 章，探讨了当前流行的推荐方法，如协同过滤推荐系统、内容推荐系统以及混合推荐系统。第 III 部分包含第 7 章和第 8 章，讨论了如何运用先进的机器学习算法来构建推荐系统。第 IV 部分包含第 9 章到第 11 章，讨论了推荐系统的最新发展趋势和新技术。

本书中提供的实现代码和所需数据集可在 GitHub 上找到，网址为 github.com/apress/applied-recommender-systems-python。为了顺利完成本书中的所有项目，建议在 Windows 或 Unix 操作系统上安装并运行 Python 3.x 或更高版本，处理器频率应达到 2.0 GHz，内存至少 4 GB。可以通过其他渠道或 Anaconda 下载 Python，并使用 Jupyter 笔记本完成所有编码工作。本书假设读者具有基本的 Keras 知识并了解如何安装机器学习和深度学习需要用到的基础库。在实践过程中，建议升级或安装书中提及的所有库至最新版本。

关于著译者

阿克谢·库尔卡尼（Akshay Kulkarni）

阿克谢·库尔卡尼是人工智能（AI）和机器学习（ML）领域的布道师和意见领袖。他主要为财富 500 强和全球多家企业提供咨询服务，帮助客户实现由 AI 和数据科学驱动的战略转型。作为一名谷歌开发者和技术作家，他经常受邀参加 AI 和数据科学大会（包括 O'Reilly Strata 数据和 AI 会议以及 Great International Developer Summit，GIDS），发表主旨演讲。他在多所印度顶级大学的研究生院担任客座教授。2019 年，他入选"印度 40 岁以下最优秀的 40 位数据科学家"名单。在空闲时间，他喜欢阅读、写作、编程，并乐于帮助有志成为数据科学家的人。他和家人居住在印度班加罗尔。

阿达沙·希瓦南达（Adarsha Shivananda）

阿达沙·希瓦南达是数据科学和 MLOps 领域的资深专家，致力于培养世界级的 MLOps 能力和持续交付人工智能的价值。他希望通过培训建立一个优秀的数据科学家团队，以解决客户的各种问题。他在制药、医疗保健、消费品、零售和市场营销领域都具有丰富的经验。他的爱好包括阅读和进行数据科学相关培训。他居住在印度班加罗尔。

安努什·库尔卡尼（Anoosh Kulkarni）

安努什·库尔卡尼是一位数据科学家和人工智能高级顾问。他与全球各行业的客户广泛合作，利用机器学习、自然语言处理（NLP）和深度学习来帮助客户解决业务问题。他乐于指导人们掌握和应用数据科学，主持过许多数据科学 / 机器学习会议，并乐于帮助有志成为数据科学家的人规划职业生涯。他在大学举办 ML/AI 研讨会，并积极参与人工智能和数据科学相关的网络研讨会、演讲和大会。他和家人居住在印度班加罗尔。

V. 阿迪西亚·克里希南（V.Adithya Krishnan）

V. 阿迪西亚·克里希南是一位数据科学家和 MLOps 工程师。他与全球各行业的客户合作，利用机器学习来帮助他们解决业务问题。他在人工智能及机器学习领域有丰富的经验，包括时间序列预测、深度学习、NLP、机器学习、图像处理和数据分析。目前，他正在开发一套先进的工具来观察模型的实际应用价值，这套工具包括持续对模型和数据进行监控以及对实现的商业价值进行跟踪。他在 IEEE 会议发表过一篇论文，题为"基于深度学习的距离估计方法"，该论文与印度国防研究与发展机构（DRDO）联合署名。他和家人居住在印度金奈。

欧拉

欧拉擅长于问题的引导和拆解，目前感兴趣的方向包括机器学习、人工智能和商业分析。

技术审阅者

克里希南杜·达斯古普塔（Krishnendu Dasgupta）

克里希南杜·达斯古普塔是 DOCONVID AI 的联合创始人。他拥有计算机科学与工程学士学位，在构建应用机器学习解决方案和平台方面有十多年的经验。他曾在 NTT DATA、普华永道（PwC）和 Thoucentric 工作，目前从事医学影像、隐私保护、医疗健康及机器学习等应用的 AI 研究。克里希南杜参加过美国麻省理工学院创业与创新训练营。他还积极参与世界各地多个研究型非政府组织和大学的应用型 AI 和 ML 研究，以志愿者的身份贡献自己的专业技能。

简 明 目 录

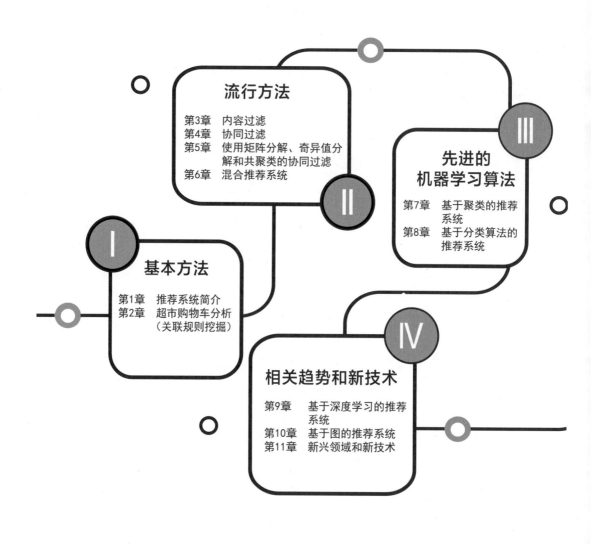

详细目录

第 4 章   协同过滤

第 5 章   使用矩阵分解、奇异值分解和共聚类的协同过滤

第 6 章　混合推荐系统

第 III 部分　先进的机器学习算法

第 7 章　基于聚类的推荐系统

第 8 章　基于分类算法的推荐系统

第 IV 部分　相关趋势和新技术

第 9 章　基于深度学习的推荐系统

第 10 章　基于图的推荐系统

第 11 章　新兴领域和新技术

第 1 部分

基本方法

第 1 章

推荐系统简介

现在，消费者在做决定的时候，总是会面临诸多选择。假设有人想找本书来读，但自己又没有什么具体的想法。他在寻找书籍的过程中可能会遇到各种各样的情况，因而可能会浪费大量时间在网上浏览和查找。也可能寻求其他人的推荐。

但如果有一个网站或应用程序可以根据客户的阅读记录来为他们推荐书籍，那么他就可以省下在各个网站上找书的时间。简而言之，推荐引擎的主要目标是根据客户的兴趣进行个性化推荐。

推荐引擎也称为"推荐系统"，是使用最广的机器学习应用之一。亚马逊、奈飞、谷歌和 Goodreads 等都在使用推荐系统。

本章要介绍推荐系统、推荐引擎采用的算法以及如何使用 Jupyter 笔记本在 Python 3.8 或更高版本中创建推荐系统。

什么是推荐引擎

在过去，人们更依赖于朋友或信任的人的推荐来做出购买决策。当人们对某个产品拿不准时，就会这样做出购买决策。互联网的普及，网购、流媒体等应用，生成了大量的用户行为数据。推荐引擎使用这些数据和各种算法来向客户推荐最相关的商品。它先采集客户的既往行为，再推荐商品供客户购买或使用。

在没有历史数据的情况下，例如新客户访问网站时，网站将如何做出推荐呢？一种方法是推荐畅销品（即正在热销的商品）。另一个可能的解决方案是推荐那些能为企业带来最大利润的商品，或者推荐网站新上架的新商品。

根据客户兴趣来推荐会对客户的体验产生积极的影响，并使客户频繁访问网站。因此，通过研究客户的既往行为来构建智能推荐引擎，可以实现销售的增长。

为了建立一个能够向客户推荐相关商品的推荐引擎，我们需要收集和分析客户对商品的喜好和反感数据。客户通过两种反馈机制来提供这些数据。

- 第一是显式反馈（explicit feedback），即客户明确提供的对商品的反馈数据。通常很难从客户那里获得这种类型的反馈，因此公司会尝试许多创新的方法。比如简单的"喜欢"或"不喜欢"按钮、星级评分甚至以文本形式输入的评论和评测，这些都可以获取客户反馈。

- 第二是隐式反馈（implicit feedback），客户通过他们的行为隐式或无意识地提供的数据。这可以是访问过的页面、查看过的商品、点击的次数以及在网站 / 平台上进行的其他各种活动，这些都可以表明他们对某些商品有兴趣。这种类型的数据通常通过 cookie 和浏览历史自动采集，不需要客户直接操作。

推荐引擎的类型

推荐引擎有许多不同的类型，本章将分别加以探讨。

- 超市购物车分析（关联规则挖掘）；
- 内容过滤推荐引擎；
- 协同过滤推荐引擎；
- 混合推荐引擎；
- 机器学习聚类；
- 机器学习分类；
- 深度学习和自然语言处理。

1. 超市购物车分析（关联规则挖掘）

零售商主要使用超市购物车分析（Market Basket Analysis）来揭示各个商品之间的关系。它通过寻找经常放在一起的商品组合来找出人们购买的不同商品之间的关系。

理解关联分析中使用的几个重要的术语是很有必要的。关联规则（association rule）广泛用于分析零售购物车或交易数据。它们旨在使用基于强规则（strong rule）概念的兴趣度量来识别交易数据中所发现的强规则。

关联规则通常是这样的：{ 面包 } -> { 黄油 }。这意味着，在同一次交易中购买面包和黄油的客户之间是强相关联的。

在前面的例子中，{ 面包 } 在前（antecedent），{ 黄油 } 在后（consequent）。前和后都可以包含多个商品。换句话说，{ 面包，牛奶 } -> { 黄油，薯片 } 也是一个有效的规则。

- 支持度（support）是指规则显示的相对频率。在很多情况下，你可能都会寻求高支持度以确保这是一个有价值的关系。然而，如果你在尝试寻找"隐藏"的关系，那么低支持度可能更有用。

- 置信度（confidence）是指衡量规则可靠性的一个指标。在前面的例子中，如果置信度为 0.5，就意味着在所有购买面包和牛奶的交易中，有 50% 的同时也购买了黄油和薯片。对于商品推荐来说，50% 的置信度是完全可以接受的，但在医疗背景下，可能就不够了。

- 提升度（lift）是指观察到的支持度与两条规则独立时的预期支持度之比。通常来讲，接近 1 的提升度意味着规则是完全独立的。提升度大于 1 时则更为"有趣"，它可能代表有用的规则模式。图 1-1 说明了如何计算支持度、置信度和提升度。

规则	支持度	置信度	提升度
$A \Rightarrow D$	2/5	2/3	10/9
$C \Rightarrow A$	2/5	2/4	5/6
$A \Rightarrow C$	2/5	2/3	5/6
$B \& C \Rightarrow D$	1/5	1/3	5/9

图 1-1　超市购物车分析

2. 内容过滤推荐引擎

内容过滤引擎通过分析客户过去选择或表现出兴趣的项目内容，来推荐类似的项目。它能根据项目中的实际内容进行推荐，例如根据读过的文章中的文本内容推荐新的文章，如图 1-2所示。

图 1-2   基于内容的推荐系统

我们以广为人知的奈飞及其推荐系统为例，详细探讨其工作原理。奈飞将所有用户的观看信息保存在一种基于向量的格式中，后者被称为用户画像（profile）向量，其中包含历史观看记录、喜欢和不喜欢的节目、最常观看的类型、星级评分等信息。此外还有一个向量被用来存储平台上所有可用的电影和节目的信息，称为项目（item）向量。这个向量存储了电影或节目的名称、演员、类型、语言、时长、制作人员信息、剧情简介等信息。

基于内容的过滤算法采用了余弦相似性的概念。在此，你需要找到两个向量（在这里是用户画像向量和项目向量）之间角度的余弦值。假设 A 是用户画像向量，B 是项目向量，那么它们之间的（余弦）相似性可以按照以下方法计算。

$$sim(A,B) = \cos(\theta) = \frac{A \cdot B}{\|A\|\|B\|}$$

这个结果（也就是余弦值）总是在 -1 到 1 之间变化，而这个值是针对多个项目向量（电影）在保持客户档案向量（客户）不变的情况下进行计算的。然后，项目 / 电影将按照相似度降序排列，并采用以下两种方法中的一种给出推荐。

● 在 Top N 方法中，推荐相似度最高的前 N 部电影 / 节目，其中 N 是推荐的电影 / 节目数量的阈值。

● 在评分范围方法中，会设定一个相似度值的阈值，然后推荐在该阈值范围内的所有电影和节目。

以下是计算相似度时常用的其他方法。

● 欧几里得距离（Euclidean distance，又称欧氏距离）指的是欧几里得空间中两点之间的直线距离。因此，如果能将用户画像和项目（item）向量在 n 维欧几里得空间中绘制出来，那么其相似度就等于它们之间的距离。项目离用户画像越近，其相似度就越高。因此，离用户画像向量最近的项目会被推荐。以下是计算欧几里得距离的数学公式：

$$\text{Euclidean Distance} = \sqrt{\left(x_1 - y_1\right)^2 + \& + \left(x_n - y_n\right)^2}$$

- 皮尔森相关系数（Pearson's correlation）是用来衡量两个事物间的相关性或相似性的。相关性越高，相似度就越高。可以用图 1-3 中公式来计算皮尔森相关系数。

$$sim\left(u, v\right) = \frac{\sum \left(r_{ui} - \bar{r}_u\right)\left(r_{vi} - \bar{r}_v\right)}{\sqrt{\sum \left(r_{ui} - \bar{r}_u\right)^2} \sqrt{\sum \left(r_{vi} - \bar{r}_v\right)^2}}$$

图 1-3　公式

这种推荐引擎的主要缺点是所有推荐都属于同一类别，显得有些单调。因为推荐都是基于客户历史观看或喜欢的内容给出的，所以客户永远不会得到他过去未曾探索过的领域的新推荐。举个例子，如果客户只看过悬疑片，那么这个引擎只会推荐更多的悬疑片。

为了改进这一点，推荐引擎不仅需要能根据内容给出推荐，还需要能够根据客户的行为以及其他有相似兴趣的客户正在观看的内容给出推荐。

3. 协同过滤推荐引擎

在协同过滤推荐引擎中，除了项目的相似性，也会考虑不同客户之间的相似性，以解决内容过滤的一些缺点。简单来说，协同过滤系统会根据与客户 A 相似的客户 B 的兴趣向客户 A 推荐项目。图 1-4 展示了协同过滤的简单工作机制。

两个用户都读过

相似的用户

她读过。向他推荐！

图 1-4　协同过滤

客户之间的相似性可以再次通过前面提到的各种技术进行计算。为每个客户单独创建一个客户 - 项目矩阵，该矩阵储存了客户对某一项目的喜好。以奈飞的推荐引擎为例，它存储并使用客户的行为数据——包括观看历史、喜欢的电影或节目、（如有）客户给出的评分，以及常观看的类型——来识别类似客户的喜好。一旦找到兴趣相似的客户，引擎就会推荐那些尚未观看但受到相似客户喜爱的电影。

这种过滤方式非常受欢迎，因为它完全基于客户的历史行为，不需要额外的输入。许多大公司都在用这种方法，比如亚马逊、奈飞和美国运通。

协同过滤算法有两种类型。

● 在客户 - 客户（user-user）协同过滤中，可以找到客户之间的相似性，并基于类似客户的历史选择来提供建议。尽管这个算法非常有效，但因为它需要大量计算来获取所有客户对（user-pair）的信息并计算相似性，所以它需要花费大量的时间和资源。因此，对于较大的客户群来说，除非建立合适的并行化系统，否则这种算法的使用成本会太高。

● 在项目 - 项目（item-item）协同过滤中，可以找到项目的相似性，而不是客户的相似性。这种方法会为客户过去选择的所有项目生成一个项目相似矩阵，然后从这个矩阵中推荐相似的项目。这种算法的计算成本显著低于客户 - 客户协同过滤，因为项目 - 项目相似矩阵在时间上是固定的，并且商品数量也是固定的，因此这个算法在计算上的开销要小得多。因此，该算法能更快地为新客户提供推荐。

但这种方法有一个缺点，如果没有为特定项目提供评分，那么就无法推荐。并且，如果客户只给少数项目评分，也很难得到靠谱的推荐。

4. 混合推荐引擎

前面介绍了内容过滤和协同过滤的推荐引擎是怎么工作的以及两者各自的优缺点。混合推荐系统（hybrid recommendation system）则是内容和协同过滤方法的"混血儿"。

混合推荐系统可以克服基于内容和协同过滤各自的缺点而形成一个强大的推荐系统，当数据不足以学习客户和项目间的关系，导致两种独立方法表现不佳时，混合方法能有效解决这一问题。

图 1-5 展示了混合推荐系统的简单工作机制。

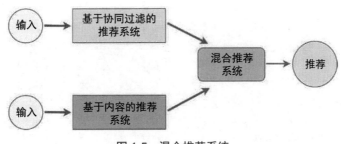

图 1-5　混合推荐系统

混合推荐引擎可以通过多种方式实现：

- 分别使用基于内容的和基于协同的方式生成推荐，并在最后将它们合并起来；
- 在基于内容的推荐引擎中增加基于协同的功能；
- 在基于协同的推荐引擎中增加基于内容的功能。

有多项研究将传统方法的性能与混合系统的性能进行比较，结果表明，混合推荐引擎通常表现更好，提供的推荐也更可靠。

5. 机器学习聚类

如今，AI 已经成为所有自动化和技术基础解决方案的重要组成部分，推荐系统领域也不例外。基于机器学习的方法是很有前景的，随着越来越多的公司开始采用 AI，这种方法正在得到迅速普及。

机器学习方法有两种类型：无监督和监督式。本节将讨论无监督学习方法，也就是基于机器学习聚类的方法。无监督学习技术使用机器学习算法在数据中找到隐藏的模式来进行聚类，无需人工干预（无已标记数据）。聚类（clustering）是将相似的对象分组到集群（cluster）中。平均来说，一个集群中的对象与同一集群内的其他对象更相似，与其他集群内的对象相比则更为不同。

在推荐引擎中，聚类被用来组成彼此相似的客户集群，如图 1-6 所示。同样，它也可以聚类相似的项目或产品。虽然余弦相似性等相似度度量常用于识别相似的客户或项目，但这些方法也存在局限性。如果客户没有给足够多的项目打分而导致客户 - 项目矩阵稀疏，或者当你需要比较多个客户 - 客户对来找到相似的客户时，计算成本就会变得非常高。为了克服这些问题，通常会采取基于聚类的方法来找到相似的客户。如果发现一个客户与一个客户集群相似，那么客户就会被添加到这个集群中。集群内所有的客户的兴趣和喜好都相同，而推荐正是基于这些兴趣和喜好来服务于客户的。

图 1-6　基于行为的分组

在聚类分析中，我们可以使用多种算法来识别数据中的模式，常用的如下：

● k 均值聚类；

● 模糊映射；

● 自组织映射（self-organizing maps，SOM）；

● 两种或多种技术的混合。

6. 机器学习分类

当然，聚类也有自己的不足，而这正是基于分类的推荐系统可以发挥作用的地方。

在基于分类的方法中，算法使用项目和客户的特征来预测客户是否会喜欢某个产品。分类方法的一个应用是买方倾向性模型（buyer propensity model）。

倾向性模型用于预测客户购买特定商品的可能性或执行类似购买行为的可能性。例如，倾向性模型通过分析各种特征，可以帮助预测销售线索转化为客户的可能性。倾向性得分或概率被用来做推荐决策。

不过，基于分类的算法也有一些不足：

● 收集不同客户和项目的数据组合有时很困难；

● 分类任务具有挑战性；

● 实时训练模型并不容易。

7. 深度学习

深度学习作为机器学习的一个强大分支，通常能够产生比传统机器学习算法更准确的结果。当然，它也有一些限制，比如需要大量的数据或较高的可解释性，这些问题都是我们必须克服的。

许多公司都利用深度神经网络（DNN）来提升对图像和文本等非结构化数据的处理能力，从而增强用户体验。

有三种基于深度学习的推荐系统：

- 受限玻尔兹曼机；
- 基于自编码器的推荐系统；
- 基于神经网络注意力的推荐系统。

后面将探讨如何利用机器学习和深度学习构建强大的推荐系统。

通过前面的学习，我们对推荐系统的基本概念有了深入的理解。接下来，本章将引导你构建一个简单的基于规则的推荐系统，作为后续学习的基础。

基于规则的推荐系统

可以用一些简单的规则来构建推荐系统，比如基于流行度（popularity-based）或再次购买（buy again，或称"复购"）。

流行度

基于流行度的推荐规则最为简单：商品根据其流行度（如最高销量或最多点击次数）来获得推荐。我们稍后要实现一个这样的系统。如果一首歌曲被大量用户听过，通常意味着它非常受欢迎，它是在没有其他算法或智能系统参与的情况下被推荐给其他人的。

接下来，我们使用一个零售数据集来实现相同的流行度推荐逻辑。

注意

请参考本书数据部分的数据，从本书的 GitHhub 链接下载数据集。

启动一个 Jupyter 笔记本并导入必要的包：

```
# 导入必要的库
import pandas as pd
import numpy as np
# 导入可视化库
import seaborn as sns
```

```
import matplotlib.pyplot as plt
%matplotlib inline
```

接下来导入数据：

```
# 导入数据
df = pd.read_csv('data.csv',encoding= 'unicode_escape')
df.head()
```

图 1-7 显示了数据集的前 5 行的输出。

	InvoiceNo	StockCode	Description	Quantity	InvoiceDate	UnitPrice	CustomerID	Country
0	536365	85123A	WHITE HANGING HEART T-LIGHT HOLDER	6	12/1/2010 8:26	2.55	17850.0	United Kingdom
1	536365	71053	WHITE METAL LANTERN	6	12/1/2010 8:26	3.39	17850.0	United Kingdom
2	536365	84406B	CREAM CUPID HEARTS COAT HANGER	8	12/1/2010 8:26	2.75	17850.0	United Kingdom
3	536365	84029G	KNITTED UNION FLAG HOT WATER BOTTLE	6	12/1/2010 8:26	3.39	17850.0	United Kingdom
4	536365	84029E	RED WOOLLY HOTTIE WHITE HEART.	6	12/1/2010 8:26	3.39	17850.0	United Kingdom

图 1-7　输出结果

计算空值有多少：

```
# 空值计数
df.isnull().sum().sort_values(ascending=False)
```

```
CustomerID     135080
Description       1454
Country              0
UnitPrice            0
InvoiceDate          0
Quantity             0
StockCode            0
InvoiceNo            0
dtype: int64
```

```
# 删除描述不可用的数据项
df_new = df.dropna(subset=['Description'])
df_new.describe()
```

图 1-8 显示有负值，这些是错误数据的一部分，所以要用以下代码移除它们：

```
df_new = df_new[df_new.Quantity > 0]
df_new.describe()
```

图 1.9 显示了移除负值后的输出。

	Quantity	UnitPrice	CustomerID
count	540455.000000	540455.000000	406829.000000
mean	9.603129	4.623519	15287.690570
std	218.007598	96.889628	1713.600303
min	-80995.000000	-11062.060000	12346.000000
25%	1.000000	1.250000	13953.000000
50%	3.000000	2.080000	15152.000000
75%	10.000000	4.130000	16791.000000
max	80995.000000	38970.000000	18287.000000

图 1-8　输出包含负值

	Quantity	UnitPrice	CustomerID
count	530693.000000	530693.000000	397924.000000
mean	10.605819	3.861599	15294.315171
std	156.637853	41.833162	1713.169877
min	1.000000	-11062.060000	12346.000000
25%	1.000000	1.250000	13969.000000
50%	3.000000	2.080000	15159.000000
75%	10.000000	4.130000	16795.000000
max	80995.000000	13541.330000	18287.000000

图 1-9　移除负值后的输出

清洗好数据之后，创建一些基本的推荐系统。虽然这些还算不上智能，但在某些情况下是有效的。基于流行度的推荐系统所推荐的可能是一首正在流行的歌曲，也可能是人人都需要的热销商品、一部近期上映并受到关注的电影或者许多人都读过的文章。

有时，保持简单很重要，因为这可以使收入最大化用前面的数据构建一个基于流行度的系统。

全球流行的商品

计算全球流行的商品，然后将它们划分到不同的地区：

```
# 全球流行的商品
global_popularity=df_new.pivot_table(index=['StockCode','Description'],
values='Quantity', aggfunc='sum').sort_values(by='Quantity', ascending=False)
print('Top 10 popular items globally....')
global_popularity.head(10)
```

图 1-10 显示 PAPER CRAFT 是在所有地区中销量最高的爆款商品。

Top 10 popular items globally....

StockCode	Description	Quantity
23843	PAPER CRAFT , LITTLE BIRDIE	80995
23166	MEDIUM CERAMIC TOP STORAGE JAR	78033
84077	WORLD WAR 2 GLIDERS ASSTD DESIGNS	55047
85099B	JUMBO BAG RED RETROSPOT	48478
85123A	WHITE HANGING HEART T-LIGHT HOLDER	37603
22197	POPCORN HOLDER	36761
84879	ASSORTED COLOUR BIRD ORNAMENT	36461
21212	PACK OF 72 RETROSPOT CAKE CASES	36419
23084	RABBIT NIGHT LIGHT	30788
22492	MINI PAINT SET VINTAGE	26633

图 1-10　输出结果

进行可视化处理：

```
# 可视化 10 大热门商品
global_popularity.reset_index(inplace=True)
sns.barplot(y='Description', x='Quantity', data=global_popularity.head(10))
plt.title('Top 10 Most Popular Items Globally', fontsize=14)
plt.ylabel('Item')
```

图 1-11 显示了 10 大热门商品输出结果：

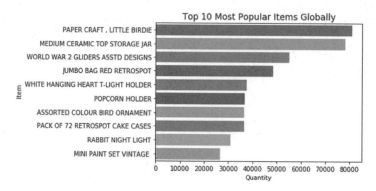

图 1-11　输出结果

按国家计算热销商品

按国家计算热销商品：

```
# 按国家计算热销商品
countrywise=df_new.pivot_table(index=['Country','StockCode','Description'],
values='Quantity', aggfunc='sum').reset_index()
# 可视化英国前 10 大热门商品
sns.barplot(y='Description', x='Quantity', data=countrywise[countrywise
['Country']=='United Kingdom'].sort_values(by='Quantity', ascending=False).
head(10))
plt.title('Top 10 Most Popular Items in UK', fontsize=14)
plt.ylabel('Item')
```

图 1-12 显示 PAPER CRAFT, LITTLE BIRDIE 是销量最高的商品，它在英国非常受欢迎：

```
# 可视化荷兰最受欢迎的前 10 大商品
sns.barplot(y='Description', x='Quantity', data=countrywise[countrywise
['Country']=='Netherlands'].sort_values(by='Quantity', ascending=False). head(10))
plt.title('Top 10 Most Popular Items in Netherlands', fontsize=14)
plt.ylabel('Item')
```

Text(0, 0.5, 'Item')

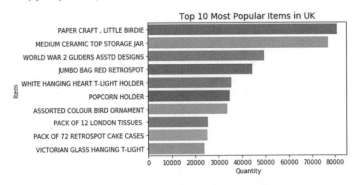

图 1-12　输出结果

图 1-13 显示 RABBIT NIGHT LIGHT 是销量最高的商品。它在荷兰非常受欢迎。

Text(0, 0.5, 'Item')

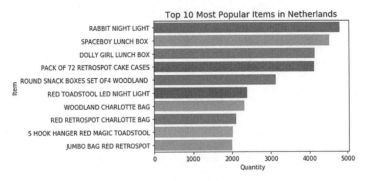

图 1-13　输出结果

再次购买

现在来讨论一下再次购买（复购）。这是另一个在客户 / 客户级别计算的简单推荐系统。你可能在流媒体平台上看到过"再次观看"选项。它的概念和再次购买一样。知道客户经常重复做某一系列操作之后，下次就推荐相同的操作。

这在电商平台上非常有用，因为客户会一次又一次地回来购买相同的商品。

具体实现如下：

```
# 创建一个函数来获取再次购买的输出
from collections import Counter
def buy_again(customerid):
    # 获取提供的客户 id 购买的商品
```

```
items_bought = df_new[df_new['CustomerID']==customerid].Description
# 计数和排序重复的购买
bought_again = Counter(items_bought)
# 将计数器转换为列表以打印推荐
buy_again_list = list(bought_again)
# 打印推荐
print('Items you would like to buy again:')
return(buy_again_list)
```

尝试对客户 17850 使用这个函数：

```
buy_again(17850)
```

如图 1-14 所示，推荐客户 17850 再次购买 holder 和 lantern，因为他经常购买这些商品。

```
Items you would like to buy again :

['WHITE HANGING HEART T-LIGHT HOLDER',
 'WHITE METAL LANTERN',
 'CREAM CUPID HEARTS COAT HANGER',
 'KNITTED UNION FLAG HOT WATER BOTTLE',
 'RED WOOLLY HOTTIE WHITE HEART.',
 'SET 7 BABUSHKA NESTING BOXES',
 'GLASS STAR FROSTED T-LIGHT HOLDER',
 'HAND WARMER UNION JACK',
 'HAND WARMER RED POLKA DOT',
 'EDWARDIAN PARASOL RED',
 'RETRO COFFEE MUGS ASSORTED',
 'SAVE THE PLANET MUG',
 'VINTAGE BILLBOARD DRINK ME MUG',
 'VINTAGE BILLBOARD LOVE/HATE MUG',
 'WOOD 2 DRAWER CABINET WHITE FINISH',
 'WOOD S/3 CABINET ANT WHITE FINISH',
 'WOODEN PICTURE FRAME WHITE FINISH',
 'WOODEN FRAME ANTIQUE WHITE ',
 'EDWARDIAN PARASOL BLACK',
 'IVORY EMBROIDERED QUILT ',
 'JUMBO SHOPPER VINTAGE RED PAISLEY']
```

图 1-14　输出结果

小结

本章深入探讨了推荐系统的工作原理、主要应用场景和实现技术。我们还了解了推荐系统中的隐式反馈和显式反馈，以及它们如何影响推荐结果的差异。此外，还讨论了多种推荐技术，包括超市购物车分析（关联规则挖掘）、基于内容的过滤、协同过滤、混合推荐系统以及机器学习在聚类和分类方法中的应用。我们还探索了深度学习和自然语言处理技术在推荐系统中的应用。最后，通过实例实现了一个基础的推荐系统模型。为了进一步提升推荐系统的性能，在接下来的章节中，我们将要深入探讨更复杂的算法。

第 2 章

超市购物车分析（关联规则挖掘）

超市购物车分析（market basket analysis，MBA）是零售公司在数据挖掘中使用的一种技术，它通过更好地理解客户的购买模式来提高销售额，其中涉及对大型数据集（比如客户购买历史）的分析，以揭示可能经常一起购买的商品组合和产品。

图 2-1 从高层次解释了 MBA。

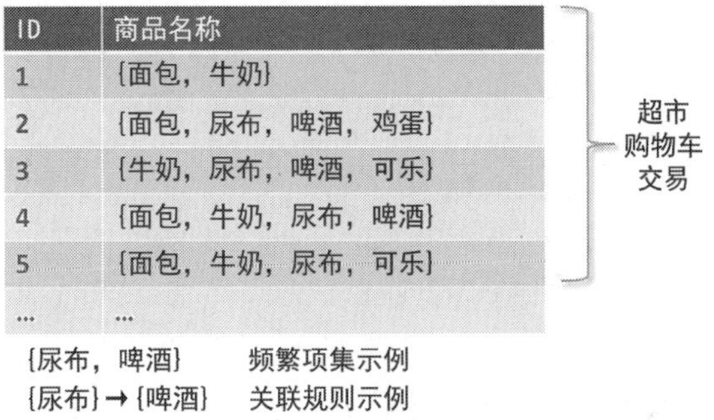

ID	商品名称	
1	{面包，牛奶}	
2	{面包，尿布，啤酒，鸡蛋}	超市
3	{牛奶，尿布，啤酒，可乐}	购物车
4	{面包，牛奶，尿布，啤酒}	交易
5	{面包，牛奶，尿布，可乐}	
...	...	

{尿布，啤酒}　　　频繁项集示例
{尿布}→{啤酒}　　关联规则示例

图 2-1　MBA 的解释

本章将利用一个开源的电子商务数据集来探讨超市购物车分析的实现。将从探索性数据分析（exploratory data analysis，EDA）的数据集得到关键洞察。然后学习 MBA 中各种技术的实现，把关联绘制成图表，从中得到商业洞察。

实现

导入需要用到的库：

```
import pandas as pd
import numpy as np
```

```
import seaborn as sns
import matplotlib.pyplot as plt
import matplotlib.style
%matplotlib inline
from mlxtend.frequent_patterns import apriori,association_rules
from collections import Counter
from IPython.display import Image
```

数据收集

我们来看一下来自 Kaggle 电子商务网站的一个开源数据集。从以下网址下载数据集：
www.kaggle.com/carrie1/ecommerce-data?select=data.csv

将数据以 DataFrame（pandas）形式导入

通过以下代码导入数据：

```
data = pd.read_csv('data.csv', encoding= 'unicode_escape')
data.shape
```

输出结果如下：

```
(541909, 8)
```

打印 DataFrame 的前 5 行：

```
data.head()
```

图 2-2 显示了输出结果的前 5 行。

	InvoiceNo	StockCode	Description	Quantity	InvoiceDate	UnitPrice	CustomerID	Country
0	536365	85123A	WHITE HANGING HEART T-LIGHT HOLDER	6	12/1/2010 8:26	2.55	17850.0	United Kingdom
1	536365	71053	WHITE METAL LANTERN	6	12/1/2010 8:26	3.39	17850.0	United Kingdom
2	536365	84406B	CREAM CUPID HEARTS COAT HANGER	8	12/1/2010 8:26	2.75	17850.0	United Kingdom
3	536365	84029G	KNITTED UNION FLAG HOT WATER BOTTLE	6	12/1/2010 8:26	3.39	17850.0	United Kingdom
4	536365	84029E	RED WOOLLY HOTTIE WHITE HEART.	6	12/1/2010 8:26	3.39	17850.0	United Kingdom

图 2-2　输出结果

检查数据中的空值：

```
data.isnull().sum().sort_values(ascending=False)
```

输出结果如下：

```
CustomerID   135080
Description    1454
```

```
Country            0
UnitPrice          0
InvoiceDate        0
Quantity           0
StockCode          0
InvoiceNo          0

dtype: int64
```

清洗数据

以下操作将删除空值并描述数据：

```
data1 = data.dropna()
data1.describe()
```

图 2-3 显示了删除空值后的输出。Quantity 列有一些负值，这些数据是错误的，需要删掉。

	Quantity	UnitPrice	CustomerID
count	406829.000000	406829.000000	406829.000000
mean	12.061303	3.460471	15287.690570
std	248.693370	69.315162	1713.600303
min	-80995.000000	0.000000	12346.000000
25%	2.000000	1.250000	13953.000000
50%	5.000000	1.950000	15152.000000
75%	12.000000	3.750000	16791.000000
max	80995.000000	38970.000000	18287.000000

图 2-3　输出结果

以下操作将仅选择数量大于 0 的数据：

```
data1 = data1[data1.Quantity > 0]
data1.describe()
```

图 2-4 显示过滤 Quantity 列数据后的输出。

	Quantity	UnitPrice	CustomerID
count	397924.000000	397924.000000	397924.000000
mean	13.021823	3.116174	15294.315171
std	180.420210	22.096788	1713.169877
min	1.000000	0.000000	12346.000000
25%	2.000000	1.250000	13969.000000
50%	6.000000	1.950000	15159.000000
75%	12.000000	3.750000	16795.000000
max	80995.000000	8142.750000	18287.000000

图 2-4　输出结果

从数据集获取的洞察

下面将从几个方面加以讨论。

1. 客户洞察

本节将回答以下问题：

- 哪些客户是忠实客户？
- 哪些客户下订单的频率最高？
- 哪些客户对收入的贡献最大？

2. 忠实客户

创建一个新的 Amount 特征 / 列，它是数量和其单价的乘积：

```
data1['Amount'] = data1['Quantity'] * data1['UnitPrice']
```

现在，使用 group by 函数来突出显示订单最多的客户：

```
orders = data1.groupby(by=['CustomerID','Country'], as_index=False)['InvoiceNo'].count()
print('The TOP 5 loyal customers with the most number of orders...')
orders.sort_values(by='InvoiceNo', ascending=False).head()
```

图 2-5 显示最忠实的 5 位客户。

The TOP 5 loyal customers with most number of orders...

	CustomerID	Country	InvoiceNo
4019	17841.0	United Kingdom	7847
1888	14911.0	EIRE	5677
1298	14096.0	United Kingdom	5111
334	12748.0	United Kingdom	4596
1670	14606.0	United Kingdom	2700

图 2-5 输出结果

3. 每位客户的订单数量

将不同客户所下的订单绘制成图表。

创建一个大小为 15×6 的子图表：

```
plt.subplots(figsize=(15,6))
```

使用 bmh 来更好地可视化：

```
plt.style.use('bmh')
```

x 轴表示客户 ID，y 轴表示订单数量：

```
plt.plot(orders.CustomerID, orders.InvoiceNo)
```

分别给 x 轴和 y 轴添加标签：

```
plt.xlabel('Customers ID')
plt.ylabel('Number of Orders')
```

给图表添加恰当的标题：

```
plt.title('Number of Orders by different Customers')
plt.show()
```

图 2-6 显示了不同客户的订单数量。

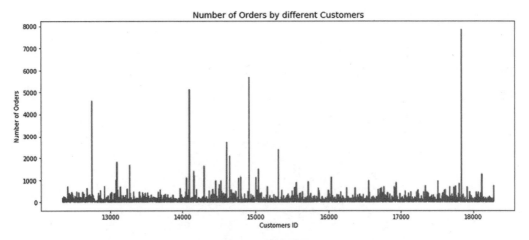

图 2-6　输出结果

最后，再次使用 group by 函数，以获取消费额最高的客户（发票）：

```
money_spent = data1.groupby(by=['CustomerID','Country'], as_index=False)['Amount'].sum()
print('The TOP 5 profitable customers with the highest money spent...')
money_spent.sort_values(by='Amount', ascending=False).head()
```

图 2-7 显示了带来利润最高的 5 名客户。

Out[24]:

	CustomerID	Country	Amount
1711	14646.0	Netherlands	279489.02
4241	18102.0	United Kingdom	256438.49
3766	17450.0	United Kingdom	187482.17
1903	14911.0	EIRE	132572.62
57	12415.0	Australia	123725.45

图 2-7　输出结果

4. 每个客户的消费额

首先，创建一个大小为 15×6 的子图表：

`plt.subplots(figsize=(15,6))`

x 轴表示客户 ID，y 轴表示消费额：

`plt.plot(money_spent.CustomerID, money_spent.Amount)`

然后，使用 bmh 来更好地可视化：

`plt.style.use('bmh')`

分别给 x 轴和 y 轴添加标签：

```
plt.xlabel('Customers ID')
plt.ylabel('Money spent')
```

最后，给图表添加恰当的标题：

```
plt.title('Money Spent by different Customers')
plt.show()
```

图 2-8 显示了不同客户的消费额。

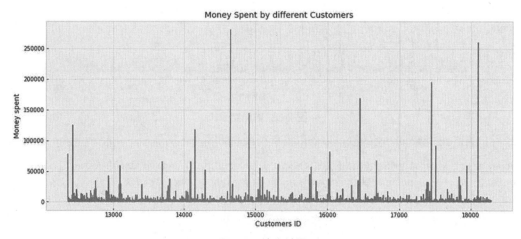

图 2-8　输出结果

基于 DateTime 的模式

接下来要回答以下问题：

- 哪个月份的订单数最多？
- 星期几的订单数最多？

- 商店在一天中的哪个时间段最忙？

1. 数据预处理

首先，导入 DateTime 库：

```
import datetime
```

其次，将 InvoiceDate 从对象转换为 DateTime 格式：

```
data1['InvoiceDate'] = pd.to_datetime(data1.InvoiceDate, format='%m/%d/%Y %H:%M')
```

随后，使用月份和年份创建一个新特征：

```
data1.insert(loc=2, column='year_month', value=data1['InvoiceDate'].map(lambda x:
100*x.year + x.month))
```

然后，为月份创建一个新特征：

```
data1.insert(loc=3, column='month', value=data1.InvoiceDate.dt.month)
```

接下来，为一个星期中的每一天创建新的特征；例如，周一为 1…… 直到周日为 7：

```
data1.insert(loc=4, column='day', value=(data1.InvoiceDate.dt.dayofweek)+1)
```

最后，为小时创建一个新的特征：

```
data1.insert(loc=5, column='hour', value=data1.InvoiceDate.dt.hour)
```

2. 每个月有多少订单？

首先，使用 bmh 样式以更好地可视化：

```
plt.style.use('bmh')
```

其次，使用 group by 提取每年和每月的发票数量：

```
ax = data1.groupby('InvoiceNo')['year_month'].unique().value_counts().sort_index().
plot(kind='bar',figsize=(15,6))
```

随后，分别给 x 轴和 y 轴添加标签：

```
ax.set_xlabel('Month',fontsize=15)
ax.set_ylabel('Number of Orders',fontsize=15)
```

接下来，给图表添加恰当的标题：

```
ax.set_title(' # orders for various months (Dec 2010 - Dec 2011)',fontsize=15)
```

最后，提供 x 轴刻度标签：

```
ax.set_xticklabels(('Dec_10','Jan_11','Feb_11','Mar_11','Apr_11','May_11','Jun_11','July_1
1','Aug_11','Sep_11','Oct_11','Nov_11','Dec_11'), rotation='horizontal', fontsize=13)
plt.show()
```

图 2-9 显示了不同月份的订单数量。

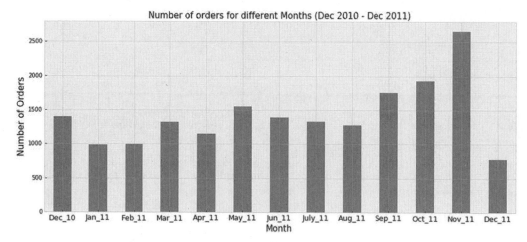

图 2-9   输出结果

3. 每天有多少订单?

Day = 6 是星期六;星期六没有订单:

```
data1[data1['day']==6].shape[0]
```

使用 groupby 按星期几来计算发票数量:

```
ax = data1.groupby('InvoiceNo')['day'].unique().value_counts().sort_ index().
plot(kind='bar',figsize=(15,6))
```

分别给 x 轴和 y 轴添加标签:

```
ax.set_xlabel('Day',fontsize=15)
ax.set_ylabel('Number of Orders',fontsize=15)
```

给图表添加恰当的标题:

```
ax.set_title('Number of orders for different Days',fontsize=15)
```

提供 x 轴刻度标签。由于星期六没有订单,所以 xticklabels 中没有包含它:

```
ax.set_xticklabels(('Mon','Tue','Wed','Thur','Fri','Sun'), rotation='horizontal', fontsize=15)
plt.show()
```

图 2-10 显示了不同天数的订单数量。

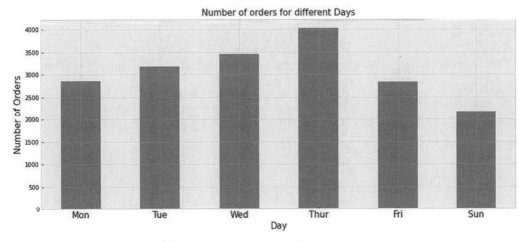

图 2-10　输出结果

4. 每小时有多少订单？

使用 groupby 来按小时计算发票数量：

```
ax = data1.groupby('InvoiceNo')['hour'].unique().value_counts().iloc[:-1]. sort_
index().plot(kind='bar',figsize=(15,6))
```

给 x 轴和 y 轴添加标签：

```
ax.set_xlabel('Hour',fontsize=15)
ax.set_ylabel('Number of Orders',fontsize=15)
```

给图表添加恰当的标题：

```
ax.set_title('Number of orders for different Hours',fontsize=15)
```

提供 x 轴刻度标签（所有订单都在 6 点到 20 点之间下）：

```
ax.set_xticklabels(range(6,21), rotation='horizontal', fontsize=15)
plt.show()
```

图 2-11 显示了不同时间的订单数量。

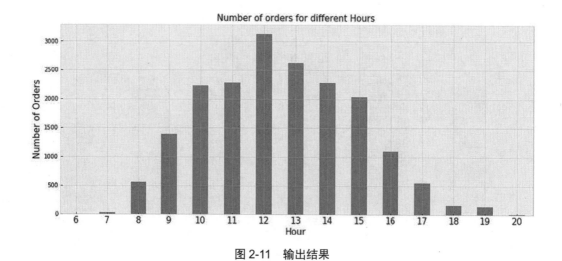

图 2-11　输出结果

免费商品和销售

下面展示免费商品如何影响订单数量。它可以解答折扣和其他优惠如何影响销售的问题：

```
data1.UnitPrice.describe()
```

输出结果如下所示：

```
count    397924.000000
mean          3.116174
std          22.096788
min           0.000000
25%           1.250000
50%           1.950000
75%           3.750000
max        8142.750000
Name: UnitPrice, dtype: float64
```

由于最低的 UnitPrice 为 0，所以要么是有出错的项目，要么是有免费的商品。

检查单价的分布。

分别给 x 轴和 y 轴添加标签：

```
plt.subplots(figsize=(12,6))
```

使用 darkgrid 样式更好地可视化：

```
sns.set_style('darkgrid')
```

将箱型图应用到单价上：

```
sns.boxplot(data1.UnitPrice)
plt.show()
```

图 2-12 展示了 UnitPrice 的箱型图。

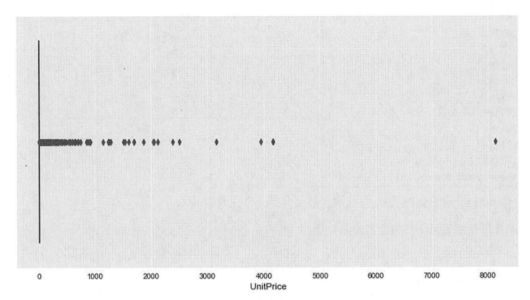

图 2-12　输出结果

UnitPrice=0 的商品并不是异常值，而是免费的商品。为免费商品创建一个新的 DataFrame：

```
free_items_df = data1[data1['UnitPrice'] == 0]
free_items_df.head()
```

图 2-13 展示了过滤后数据的输出结果（UnitPrice=0）。

	InvoiceNo	StockCode	year_month	month	day	hour	Description	Quantity	InvoiceDate	UnitPrice	CustomerID	Country	Amount
9302	537197	22841	201012	12	7	14	ROUND CAKE TIN VINTAGE GREEN	1	2010-12-05 14:02:00	0.0	12647.0	Germany	0.0
33576	539263	22580	201012	12	4	14	ADVENT CALENDAR GINGHAM SACK	4	2010-12-16 14:36:00	0.0	16560.0	United Kingdom	0.0
40089	539722	22423	201012	12	2	13	REGENCY CAKESTAND 3 TIER	10	2010-12-21 13:45:00	0.0	14911.0	EIRE	0.0
47068	540372	22090	201101	1	4	16	PAPER BUNTING RETROSPOT	24	2011-01-06 16:41:00	0.0	13081.0	United Kingdom	0.0
47070	540372	22553	201101	1	4	16	PLASTERS IN TIN SKULLS	24	2011-01-06 16:41:00	0.0	13081.0	United Kingdom	0.0

图 2-13　输出结果

按月份和年份统计一下分发的免费商品的数量：

```
free_items_df.year_month.value_counts().sort_index()
```

输出结果如下所示：

```
201012    3
201101    3
201102    1
201103    2
201104    2
201105    2
201107    2
201108    6
201109    2
201110    3
201111   14
Name: year_month, dtype: int64
```

可以看到，除了 2011 年 6 月，每个月至少有一件免费商品。

统计每年中的每个月的免费商品数量：

```
ax = free_items_df.year_month.value_counts().sort_index().plot(kind='bar',figsize=(12,6))
```

分别给 x 轴和 y 轴添加标签：

```
ax.set_xlabel('Month',fontsize=15)
ax.set_ylabel('Frequency',fontsize=15)
```

给图表添加恰当的标题。

```
ax.set_title('Frequency for different Months (Dec 2010 - Dec 2011)',fontsize=15)
```

提供 x 轴刻度标签。由于 2011 年 6 月没有免费商品，所以它没有被包含在内：

```
ax.set_xticklabels(('Dec_10','Jan_11','Feb_11','Mar_11','Apr_11','May_11','July_11','Aug_11','Sep_11','Oct_11','Nov_11'), rotation='horizontal', fontsize=13)
plt.show()
```

图 2-14 显示了不同月份的频率。2011 年 11 月发放的免费商品数量最多。同样，2011 年 11 月的订单数量也是最多的。

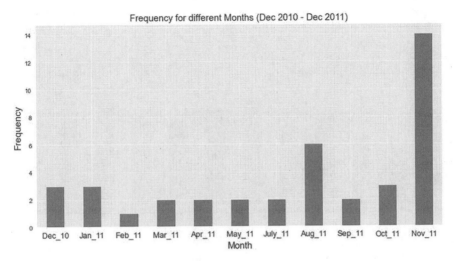

图 2-14　输出结果

使用 bmh 样式：

```
plt.style.use('bmh')
```

使用 groupby 按照月份和年份统计的不重复的发票数量：

```
ax = data1.groupby('InvoiceNo')['year_month'].unique().value_counts().sort_index().
plot(kind='bar',figsize=(15,6))
```

为 x 轴设置标签：

```
ax.set_xlabel('Month',fontsize=15)
```

为 y 轴设置标签：

```
ax.set_ylabel('Number of Orders',fontsize=15)
```

给图表设置恰当的标题：

```
ax.set_title('# Number of orders for different Months (Dec 2010 - Dec 2011)',fontsize=15)
```

提供 x 轴刻度标签：

```
ax.set_xticklabels(('Dec_10','Jan_11','Feb_11','Mar_11','Apr_11','May_11','Jun_11','July_1
1','Aug_11','Sep_11','Oct_11','Nov_11','Dec_11'), rotation='horizontal', fontsize=13)
plt.show()
```

图 2-15 显示了不同月份的订单数量。

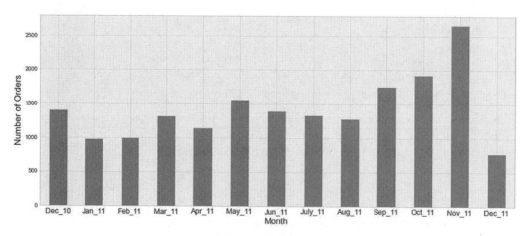

图 2-15　输出结果

如图 2-15 所示，与 5 月相比，8 月的销售额有所下降，这表明"免费商品"的数量有一定影响。

使用 bmh：

```
plt.style.use('bmh')
```

使用 groupby 来计算每年中每个月的总消费额：

```
ax = data1.groupby('year_month')['Amount'].sum().sort_index().plot(kind='bar',figsize=
(15,6))
```

分别给 x 轴和 y 轴添加标签：

```
ax.set_xlabel('Month',fontsize=15)
ax.set_ylabel('Amount',fontsize=15)
```

给图表添加恰当的标题：

```
ax.set_title('Revenue Generated for different Months (Dec 2010 - Dec
2011)',fontsize=15)
```

提供 x 轴刻度标签：

```
ax.set_xticklabels(('Dec_10','Jan_11','Feb_11','Mar_11','Apr_11','May_11','Jun_11
','July_11','Aug_11','Sep_11','Oct_11','Nov_11','Dec_11'), rotation='horizontal',
fontsize=13)
plt.show()
```

图 2-16 显示了不同月份的收入。

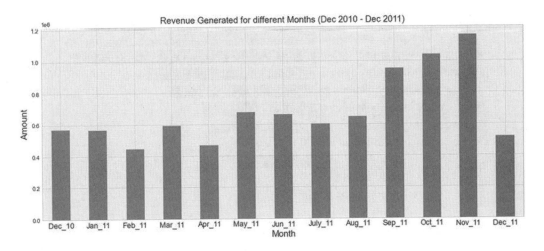

商品洞察

首先要回答几个问题：

- 基于销量，哪些商品最畅销？
- 购买哪个商品的客户最多？
- 根据总销售额，哪个商品的销量最高？
- 根据订单数量，哪个商品的销量最高？
- 哪些商品在发票（订单）中被用作"首选"商品的次数最多？

1. 基于数量的最畅销商品

创建一个新的数据透视表，汇总每个商品的订购数量：

```
most_sold_items_df = data1.pivot_table(index=['StockCode','Description'],
values='Quantity', aggfunc='sum').sort_values(by='Quantity', ascending=False)
most_sold_items_df.reset_index(inplace=True)
sns.set_style('white')
```

创建一个显示 Top 10 Items based on NO. of Sales 的条形图：

```
sns.barplot(y='Description', x='Quantity', data=most_sold_items_df.head(10))
```

给图表添加恰当的标题：

```
plt.title('Top 10 Items based on No. of Sales', fontsize=14)
plt.ylabel('Item')
```

图 2-17 显示了基于销售额的前 10 大商品的输出。

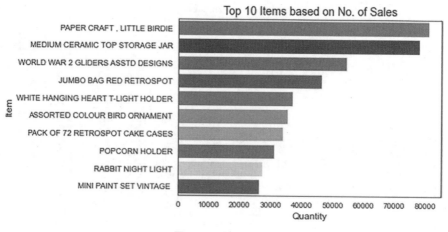

图 2-17　输出结果

2. 购买哪个商品的客户最多？

以 WHITE HANGING HEART T-LIGHT HOLDER 为例：

```
product_white_df = data1[data1['Description']=='WHITE HANGING HEART T-LIGHT HOLDER']
product_white_df.shape
```

输出结果如下：

```
(2028, 13)
```

这表明 WHITE HANGING HEART T-LIGHT HOLDER 已经被订购了 2028 次：

```
len(product_white_df.CustomerID.unique())
```

输出结果如下：

```
856
```

这意味着有 856 个客户订购了 WHITE HANGING HEART T-LIGHT HOLDER。

创建一个数据透视表（pivot table），显示购买特定商品的唯一客户的总数：

```
most_bought = data1.pivot_table(index=['StockCode','Descripti on'], values='CustomerID',
aggfunc=lambda x: len(x.unique())).sort_ values(by='CustomerID', ascending=False)
most_bought
```

图 2-18 显示了购买特定商品的唯一客户的数量。

StockCode	Description	CustomerID
22423	REGENCY CAKESTAND 3 TIER	881
85123A	WHITE HANGING HEART T-LIGHT HOLDER	856
47566	PARTY BUNTING	708
84879	ASSORTED COLOUR BIRD ORNAMENT	678
22720	SET OF 3 CAKE TINS PANTRY DESIGN	640
...	...	...
21897	POTTING SHED CANDLE CITRONELLA	1
84795C	OCEAN STRIPE HAMMOCK	1
90125E	AMBER BERTIE GLASS BEAD BAG CHARM	1
90128B	BLUE LEAVES AND BEADS PHONE CHARM	1
71143	SILVER BOOK MARK WITH BEADS	1

3897 rows × 1 columns

图 2-18　输出结果

由于 WHITE HANGING HEART T-LIGHT HOLDER 的数量与长度 856 匹配，所以所有商品的数据透视表看起来都是正确的：

```
most_bought.reset_index(inplace=True)
sns.set_style('white')
```

创建一个条形图，其中 y 轴是商品描述（或商品），x 轴是不重复客户的总和。

只绘制最常购买的 10 大商品：

```
sns.barplot(y='Description', x='CustomerID', data=most_bought.head(10))
```

给图表添加恰当的标题：

```
plt.title('Top 10 Items bought by Most no. of Customers', fontsize=14)
plt.ylabel('Item')
```

图 2-19 显示了买家最多的 10 大商品的输出结果。

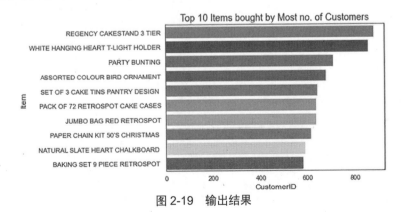

图 2-19　输出结果

3. 订购最频繁的商品

为词云准备数据：

data1['items'] = data1['Description'].str.replace(' ', '_')

使用 WordCloud 库绘制词云：

```
from wordcloud import WordCloud
plt.rcParams['figure.figsize'] = (20, 20)
wordcloud = WordCloud(background_color = 'white', width = 1200,  height = 1200,
max_words = 121).generate(str(data1['items']))
plt.imshow(wordcloud)
plt.axis('off')
plt.title('Most Frequently Bought Items',fontsize = 22)
plt.show()
```

图 2-20 显示了订购最频繁的商品的词云。

图 2-20   输出结果

热销商品

将所有发票编号存入一个名为"1"的列表中：

```
l = data1['InvoiceNo']
l = l.to_list()
```

确定 l 的长度：

```
len(l)
```

输出结果如下：

```
397924
```

使用 set 函数只找出唯一的发票编号，并将它们存入 invoices_list 列表中：

```
invoices_list = list(set(1))
```

找出发票数量（或唯一的发票编号的数量）的长度：

```
len(invoices_list)
```

输出结果如下：

```
18536
```

创建一个空列表：

```
first_choices_list = []
```

循环遍历唯一的发票编号列表：

```
for i in invoices_list:
    first_purchase_list = data1[data1['InvoiceNo']==i]['items'].reset_index(drop=True)[0]
    # 追加
    first_choices_list.append(first_purchase_list)
```

以下是创建的首选 5 大商品列表：

```
first_choices_list[:5]
```

输出结果如下：

```
['ROCKING_HORSE_GREEN_CHRISTMAS_',
 'POTTERING_MUG',
 'JAM_MAKING_SET_WITH_JARS',
 'TRAVEL_CARD_WALLET_PANTRY',
 'PACK_OF_12_PAISLEY_PARK_TISSUES_']
```

first_choices_list 的长度与 invoices_list 的长度匹配：

```
len(first_choices_list)
```

使用计数器统计重复的首选项：

```
count = Counter(first_choices_list)
```

将计数器存储在 DataFrame 中：

```
df_first_choices = pd.DataFrame.from_dict(count, orient='index').reset_index()
```

将列名重命名为 item 和 ount：

```
df_first_choices.rename(columns={'index':'item', 0:'count'},inplace=True)
```

根据计数为 DataFrame 排序：

```
df_first_choices.sort_values(by='count',ascending=False)
```

图 2-21 显示了 10 大首选商品的输出。

	item	count
15	REGENCY_CAKESTAND_3_TIER	203
8	WHITE_HANGING_HEART_T-LIGHT_HOLDER	181
7	RABBIT_NIGHT_LIGHT	155
118	PARTY_BUNTING	122
28	Manual	119
...	...	...
2041	CAKE_SHOP__STICKER_SHEET	1
538	PINK_POLKADOT_KIDS_BAG	1
2045	RIBBON_REEL_SOCKS_AND_MITTENS	1
2046	DOG_TOY_WITH_PINK_CROCHET_SKIRT	1
2634	ELEPHANT_BIRTHDAY_CARD_	1

2635 rows × 2 columns

图 2-21　输出结果

创建一个条形图：

```
sns.barplot(y='item', x='count', data=df_first_choices.sort_values(by='count',
ascending=False).head(10))
```

给图表添加恰当的标题：

```
plt.title('Top 10 First Choices', fontsize=14)
plt.ylabel('Item')
```

图 2-22 以图表形式显示了 10 大首选商品的输出。

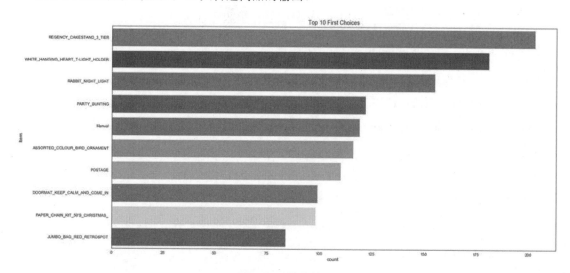

图 2-22　输出结果

经常一起购买的商品

下面要回答几个问题：

● 哪些商品经常一起被购买？

● 如果客户购买了商品 X，那么他 / 她接下来可能购买哪个商品？

使用 group by 函数来创建一个超市购物车 DataFrame，该 DataFrame 指定在所有商品和所有发票编号中，特定的商品是否出现在特定的发票中。

接下来的代码将确定每个发票编号中的商品数量，这肯定是固定的：

```
market_basket = (data1.groupby(['InvoiceNo', 'Description'])['Quantity'].sum().
unstack().reset_index().fillna(0).set_index('InvoiceNo'))
market_basket.head(10)
```

图 2-23 显示了按发票和描述分组的总数量的输出。

Description	4 PURPLE FLOCK DINNER CANDLES	50'S CHRISTMAS GIFT BAG LARGE	DOLLY GIRL BEAKER	I LOVE LONDON MINI BACKPACK	I LOVE LONDON MINI RUCKSACK	NINE DRAWER OFFICE TIDY	OVAL WALL MIRROR DIAMANTE	RED SPOT GIFT BAG LARGE	SET 2 TEA TOWELS I LOVE LONDON	SPACEBOY BABY GIFT SET	ZINC STAR T-LIGHT HOLDER	ZINC SWEETHEART SOAP DISH
InvoiceNo												
536365	0.0	0.0	0.0	0.0	0.0	0.0	0.0	0.0	0.0	0.0 ...	0.0	0.0
536366	0.0	0.0	0.0	0.0	0.0	0.0	0.0	0.0	0.0	0.0 ...	0.0	0.0
536367	0.0	0.0	0.0	0.0	0.0	0.0	0.0	0.0	0.0	0.0 ...	0.0	0.0
536368	0.0	0.0	0.0	0.0	0.0	0.0	0.0	0.0	0.0	0.0 ...	0.0	0.0
536369	0.0	0.0	0.0	0.0	0.0	0.0	0.0	0.0	0.0	0.0 ...	0.0	0.0
536370	0.0	0.0	0.0	0.0	0.0	0.0	0.0	0.0	24.0	0.0 ...	0.0	0.0
536371	0.0	0.0	0.0	0.0	0.0	0.0	0.0	0.0	0.0	0.0 ...	0.0	0.0
536372	0.0	0.0	0.0	0.0	0.0	0.0	0.0	0.0	0.0	0.0 ...	0.0	0.0
536373	0.0	0.0	0.0	0.0	0.0	0.0	0.0	0.0	0.0	0.0 ...	0.0	0.0
536374	0.0	0.0	0.0	0.0	0.0	0.0	0.0	0.0	0.0	0.0 ...	0.0	0.0

10 rows × 3877 columns

图 2-23　输出结果

输出显示订购的数量（例如，48，24 或 126），但我们只想知道某样商品是否被购买了。所以，我们要将数量编码为 1（如果购买了）或 0（如果未购买）：

```
def encode_units(x):
    if x < 1:
        return 0
    if x >= 1:
        return 1
market_basket = market_basket.applymap(encode_units)
market_basket.head(10)
```

Description	4 PURPLE FLOCK DINNER CANDLES	50'S CHRISTMAS GIFT BAG LARGE	DOLLY GIRL BEAKER	I LOVE LONDON MINI BACKPACK	I LOVE LONDON MINI RUCKSACK	NINE DRAWER OFFICE TIDY	OVAL WALL MIRROR DIAMANTE	RED SPOT GIFT BAG LARGE	SET 2 TEA TOWELS I LOVE LONDON	SPACEBOY BABY GIFT SET	...	ZINC STAR T-LIGHT HOLDER	ZINC SWEETHEART SOAP DISH	S\V
InvoiceNo														
536365	0	0	0	0	0	0	0	0	0	0	...	0	0	
536366	0	0	0	0	0	0	0	0	0	0	...	0	0	
536367	0	0	0	0	0	0	0	0	0	0	...	0	0	
536368	0	0	0	0	0	0	0	0	0	0	...	0	0	
536369	0	0	0	0	0	0	0	0	0	0	...	0	0	
536370	0	0	0	0	0	0	0	0	1	0	...	0	0	
536371	0	0	0	0	0	0	0	0	0	0	...	0	0	
536372	0	0	0	0	0	0	0	0	0	0	...	0	0	
536373	0	0	0	0	0	0	0	0	0	0	...	0	0	
536374	0	0	0	0	0	0	0	0	0	0	...	0	0	

10 rows × 3877 columns

图 2-24　输出结果

Apriori 算法概念

详细信息请参考第 1 章。图 2-25 解释了支持度。

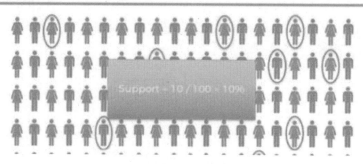

图 2-25　支持度

下面来看一个例子。如果 100 个客户中有 10 个购买了牛奶，那么牛奶的支持度（Support）就是 10/100 = 10%。计算公式如图 2-26 所示。

$$电影推荐：\quad 支持度(M) = \frac{包含 M 的用户观看列表数}{用户观看列表总数}$$

$$购物车最优选择：\quad 支持度(I) = \frac{包含 I 的交易数}{交易总数}$$

图 2-26　公式

假设你想要建立牛奶和面包之间的关联。如果 40 个购买牛奶的客户中有 7 个也购买了面包，那么置信度（Confidence）就是 7/40 = 17.5%。

图 2-27 解释了置信度。

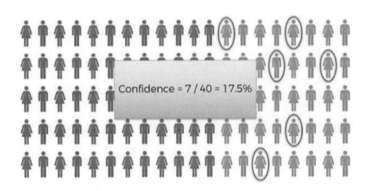

图 2-27 置信度

计算置信度的公式如图 2-28 所示。

电影推荐： $置信度(M_1 \rightarrow M_2) = \dfrac{包含 M_1 和 M_2 的用户观看列表数}{包含 M_1 的用户观看列表数}$

购物车最优选择： $置信度(I_1 \rightarrow I_2) = \dfrac{包含 I_1 和 I_2 的交易数}{包含 I_1 的交易数}$

图 2-28 公式

基本公式是提升度 = 置信度 / 支持度。在这里，提升度 = 17.5/10 = 1.75。图 2-29 解释了提升度及其公式。

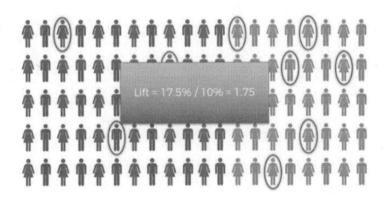

图 2-29 提升度

$$\text{电影推荐:} \quad \text{提升度}(M_1 \to M_2) = \frac{\text{置信度} \ (M_1 \to M_2)}{\text{置信度}(M_2)}$$

$$\text{购物车推荐:} \quad \text{提升度}(I_1 \to I_2) = \frac{\text{支持度}(I_1 \to I_2)}{\text{支持度}(I_2)}$$

图 2-29 提升度(续)

关联规则

关联规则挖掘(association rule mining)在大量的数据项集中发掘有趣的关联性(association)和关系(relationship)。这个规则显示了一个数据项集在交易中出现的频率。超市购物车分析正是基于从数据集创建的规则进行的。

图 2-30 解释了关联规则。

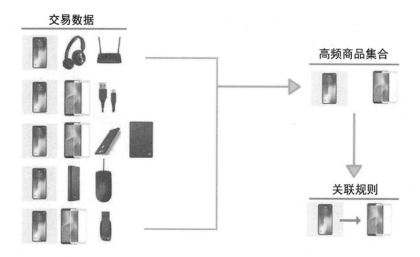

图 2-30 输出结果

如图 2-30 所示,在购买手机的五笔交易中,有三笔交易还包含了手机屏幕保护膜。因此,这个商品应该被推荐。

使用 mlxtend 实现

我们来看一个样本商品:

```
product_wooden_star_df = market_basket.loc[market_basket['WOODEN STAR CHRISTMAS
SCANDINAVIAN']==1]
If A => then B
```

对样本商品应用 apriori 算法并创建关联规则。

对 product_wooden_star_df 应用 apriori 算法：

```
itemsets_frequent = apriori(product_wooden_star_df, min_support=0.15, use_colnames=True)
```

将关联规则存储到 rules 中：

```
prod_wooden_star_rules = association_rules(itemsets_frequent,
metric="lift", min_threshold=1)
```

按提升度和支持度对规则进行排序：

```
prod_wooden_star_rules.sort_values(['lift','support'],ascending=False). reset_
index(drop=True).head()
```

图 2-31 显示了 apriori 算法的输出结果。

	antecedents	consequents	antecedent support	consequent support	support	confidence	lift	leverage	conviction
0	(WOODEN HEART CHRISTMAS SCANDINAVIAN)	(WOODEN TREE CHRISTMAS SCANDINAVIAN)	0.736721	0.521940	0.420323	0.570533	1.093101	0.035799	1.113147
1	(WOODEN TREE CHRISTMAS SCANDINAVIAN)	(WOODEN HEART CHRISTMAS SCANDINAVIAN)	0.521940	0.736721	0.420323	0.805310	1.093101	0.035799	1.352299
2	(WOODEN HEART CHRISTMAS SCANDINAVIAN, WOODEN S...	(WOODEN TREE CHRISTMAS SCANDINAVIAN)	0.736721	0.521940	0.420323	0.570533	1.093101	0.035799	1.113147
3	(WOODEN STAR CHRISTMAS SCANDINAVIAN, WOODEN TR...	(WOODEN HEART CHRISTMAS SCANDINAVIAN)	0.521940	0.736721	0.420323	0.805310	1.093101	0.035799	1.352299
4	(WOODEN HEART CHRISTMAS SCANDINAVIAN)	(WOODEN STAR CHRISTMAS SCANDINAVIAN, WOODEN TR...	0.736721	0.521940	0.420323	0.570533	1.093101	0.035799	1.113147

图 2-31 输出结果

新建函数

创建一个新的函数来传递商品名称。它返回经常组合购买的商品。换句话说，它返回客户可能会因为购买了传入函数的商品而购买的商品：

```
def bought_together_frequently(item):
    # 传入商品的 df
    df_item = market_basket.loc[market_basket[item]==1]

    # 应用 Apriori 算法
itemsets_frequent = apriori(df_item, min_support=0.15, use_colnames=True)

    # 存储关联规则
a_rules = association_rules(itemsets_frequent, metric="lift", min_threshold=1)

    # 按提升度和支持度排序
a_rules.sort_values(['lift','support'],ascending=False).reset_index(drop=True)

    print('Items frequently bought together with {0}'.format(item))
```

```
# 返回提升度和支持度最高的前 6 个商品
return a_rules['consequents'].unique()[:6]
```

示例 1：

```
bought_together_frequently('WOODEN STAR CHRISTMAS SCANDINAVIAN')
```

输出结果如下所示：

```
Items frenquenty bought together with WOODEN STAR CHRISTMAS SCANDINAVIAN
array([frozenset({"PAPER CHAIN KIT 50'S CHRISTMAS "}),
       frozenset({'WOODEN HEART CHRISTMAS SCANDINAVIAN'}),
       frozenset({'WOODEN STAR CHRISTMAS SCANDINAVIAN'}),
       frozenset({'SET OF 3 WOODEN HEART DECORATIONS'}),
       frozenset({'SET OF 3 WOODEN SLEIGH DECORATIONS'}),
       frozenset({'SET OF 3 WOODEN STOCKING DECORATION'})], dtype=object)
```

示例 2：

```
bought_together_frequently('WHITE METAL LANTERN')
```

输出结果如下所示：

```
Items frenquenty bought together with WHITE METAL LANTERN
array([frozenset({'LANTERN CREAM GAZEBO '}),
       frozenset({'WHITE METAL LANTERN'}),
       frozenset({'REGENCY CAKESTAND 3 TIER'}),
       frozenset({'WHITE HANGING HEART T-LIGHT HOLDER'})], dtype=object)
```

示例 3：

```
bought_together_frequently('JAM MAKING SET WITH JARS')
```

输出结果如下所示：

```
Items frenquenty bought together with JAM MAKING SET WITH JARS
array([frozenset({'JAM MAKING SET WITH JARS'}),
       frozenset({'JAM MAKING SET PRINTED'}),
       frozenset({'PACK OF 72 RETROSPOT CAKE CASES'}),
       frozenset({'RECIPE BOX PANTRY YELLOW DESIGN'}),
       frozenset({'REGENCY CAKESTAND 3 TIER'}),
       frozenset({'SET OF 3 CAKE TINS PANTRY DESIGN '})], dtype=object)
```

验证

JAM MAKING SET PRINTED 是发票 536390 的一部分，所以我们打印出这张发票的所有商品并进行核对：

```
data1[data1 ['InvoiceNo']=='536390']
```

图 2-32 显示了过滤后的数据。

ckCode	year_month	month	day	hour	Description	Quantity	InvoiceDate	UnitPrice	CustomerID	Country	Amount		items
22941	201012	12	3	10	CHRISTMAS LIGHTS 10 REINDEER	2	2010-12-01 10:19:00	8.50	17511.0	United Kingdom	17.00		CHRISTMAS_LIGHTS_10_REINDEER
22960	201012	12	3	10	JAM MAKING SET WITH JARS	12	2010-12-01 10:19:00	3.75	17511.0	United Kingdom	45.00		JAM_MAKING_SET_WITH_JARS
22961	201012	12	3	10	JAM MAKING SET PRINTED	12	2010-12-01 10:19:00	1.45	17511.0	United Kingdom	17.40		JAM_MAKING_SET_PRINTED
22962	201012	12	3	10	JAM JAR WITH PINK LID	48	2010-12-01 10:19:00	0.72	17511.0	United Kingdom	34.56		JAM_JAR_WITH_PINK_LID
22963	201012	12	3	10	JAM JAR WITH GREEN LID	48	2010-12-01 10:19:00	0.72	17511.0	United Kingdom	34.56		JAM_JAR_WITH_GREEN_LID
22968	201012	12	3	10	ROSE COTTAGE KEEPSAKE BOX	8	2010-12-01 10:19:00	8.50	17511.0	United Kingdom	68.00		ROSE_COTTAGE_KEEPSAKE_BOX_
84970S	201012	12	3	10	HANGING HEART ZINC T-LIGHT HOLDER	144	2010-12-01 10:19:00	0.64	17511.0	United Kingdom	92.16		HANGING_HEART_ZINC_T-LIGHT_HOLDER
22910	201012	12	3	10	PAPER CHAIN KIT VINTAGE CHRISTMAS	40	2010-12-01 10:19:00	2.55	17511.0	United Kingdom	102.00		PAPER_CHAIN_KIT_VINTAGE_CHRISTMAS
20668	201012	12	3	10	DISCO BALL CHRISTMAS DECORATION	288	2010-12-01 10:19:00	0.10	17511.0	United Kingdom	28.80		DISCO_BALL_CHRISTMAS_DECORATION
85123A	201012	12	3	10	WHITE HANGING HEART T-LIGHT HOLDER	64	2010-12-01 10:19:00	2.55	17511.0	United Kingdom	163.20		WHITE_HANGING_HEART_T-LIGHT_HOLDER

图 2-32 输出结果

推荐函数 bought_together_frequently 的推荐结果和发票中的商品有一部分是一样的。由此可见，推荐还是很靠谱的。

关联规则的可视化

在之前使用的 WOODEN STAR DataFrame 上尝试一些可视化技术：

```
support=prod_wooden_star_rules.support.values
confidence=prod_wooden_star_rules.confidence.values
```

以下是创建散点图的代码：

```
import networkx as nx
import random
import matplotlib.pyplot as plt


for i in range (len(support)):
    support[i] = support[i] + 0.0025 * (random.randint(1,10) - 5)
    confidence[i] = confidence[i] + 0.0025 * (random.randint(1,10) - 5)
```

```
# 创建支持度与置信度的散点图
plt.scatter(support, confidence, alpha=0.5, marker="*")
plt.xlabel('support')
plt.ylabel('confidence')
plt.show()
```

图 2-33 显示了置信度与支持度的散点图。

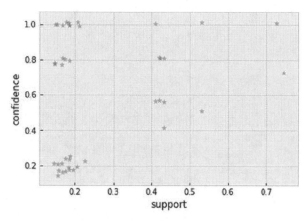

图 2-33   输出结果

绘制一个图形表示：

```
def graphing_wooden_star(wooden_star_rules, no_of_rules):
    Graph1 = nx.DiGraph()
    color_map=[]
    N = 50
    colors = np.random.rand(N)
    strs=['R0', 'R1', 'R2', 'R3', 'R4', 'R5', 'R6', 'R7', 'R8', 'R9', 'R10', 'R11']
    for i in range (no_of_rules):
        # 添加客户请求的规则数量的节点
        Graph1.add_nodes_from(["R"+str(i)])
        # 向节点添加前项
        for a in wooden_star_rules.iloc[i]['antecedents']:
            Graph1.add_nodes_from([a])
            Graph1.add_edge(a, "R"+str(i), color=colors[i] , weight = 2)
        # 向节点添加后项
        for c in wooden_star_rules.iloc[i]['consequents']:
            Graph1.add_nodes_from([c])
            Graph1.add_edge("R"+str(i), c, color=colors[i], weight=2)
    for node in Graph1:
        found_a_string = False
        for item in strs:
```

```
        if node==item:
              found_a_string = True
      if found_a_string:
          color_map.append('yellow')
      else:
          color_map.append('green')
   edges = Graph1.edges()
   colors = [Graph1[u][v]['color'] for u,v in edges]
   weights = [Graph1[u][v]['weight'] for u,v in edges]
   pos = nx.spring_layout(Graph1, k=16, scale=1)
    nx.draw(Graph1, pos, edges=edges, node_color = color_map, edge_color=colors,
width=weights, font_size=16, with_labels=False)
   for p in pos: # 提升文本位置
       pos[p][1] += 0.07
   nx.draw_networkx_labels(G1, pos)
   plt.show()
```

图 2-34 展示了该图形表示。

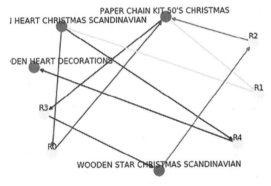

图 2-34　输出结果

关联规则的实现如下：

```
   def visualize_rules(item, no_of_rules):
   # 获取传入的商品的 df
   df_item = market_basket.loc[market_basket[item]==1]
   # Apriori 算法
   itemsets_frequent = apriori(df_item, min_support=0.15, use_colnames=True)
   # 存储关联规则
   a_rules = association_rules(itemsets_frequent, metric="lift", min_threshold=1)
   # 对 lift 和 support 进行排序
   a_rules.sort_values(['lift','support'],ascending=False).reset_index(drop=True)
   print('Items frequently bought together with {0}'.format(item))
   # 返回 lift 和 support 最高的前 6 个商品
```

```
print(a_rules['consequents'].unique()[:6])
support = a_rules.support.values
confidence = a_rules.confidence.values
for i in range (len(support)):
    support[i] = support[i] + 0.0025 * (random.randint(1,10) - 5)
    confidence[i] = confidence[i] + 0.0025 * (random.randint(1,10) - 5)
# 创建支持度与置信度的散点图
plt.scatter(support, confidence, alpha=0.5, marker="*")
plt.title('Support vs Confidence graph')
plt.xlabel('support')
plt.ylabel('confidence')
plt.show()
# 创建一个新的有向图
Graph2 = nx.DiGraph()
color_map=[]
N = 50
colors = np.random.rand(N)
strs=['R0', 'R1', 'R2', 'R3', 'R4', 'R5', 'R6', 'R7', 'R8', 'R9', 'R10', 'R11']
# 添加客户请求的规则数量的节点
for i in range (no_of_rules):
    Graph2.add_nodes_from(["R"+str(i)])
    # 向节点添加前项
    for a in a_rules.iloc[i]['antecedents']:
        Graph2.add_nodes_from([a])
        Graph2.add_edge(a, "R"+str(i), color=colors[i] , weight = 2)
    # 向节点添加后项
    for c in a_rules.iloc[i]['consequents']:
        Graph2.add_nodes_from([c])
        Graph2.add_edge("R"+str(i), c, color=colors[i], weight=2)
for node in Graph2:
    found_a_string = False
    for item in strs:
        if node==item:
            found_a_string = True
    if found_a_string:
        color_map.append('yellow')
    else:
        color_map.append('green')
print('Visualization of Rules:')
edges = Graph2.edges()
colors = [Graph2[u][v]['color'] for u,v in edges]
weights = [Graph2[u][v]['weight'] for u,v in edges]
pos = nx.spring_layout(Graph2, k=16, scale=1)
 nx.draw(Graph2, pos, edges=edges, node_color = color_map, edge_color=colors,
```

```
width=weights, font_size=16, with_labels=False)
    for p in pos:
        pos[p][1] += 0.07
    nx.draw_networkx_labels(Graph2, pos)
    plt.show()
```

示例 1：

```
visualize_rules('WOODEN STAR CHRISTMAS SCANDINAVIAN',4)
```

图 2-35 显示经常与 WOODEN STAR CHRISTMAS SCANDINAVIAN 一起组合购买的商品。

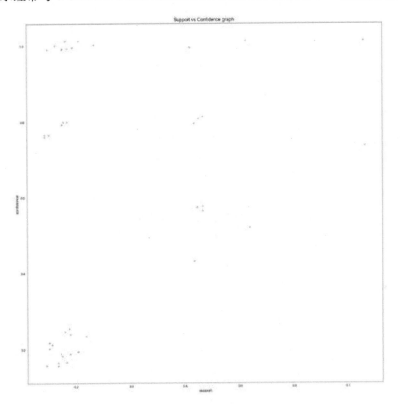

图 2-35　输出结果

图 2-36 展示规则的可视化：

```
[frozenset({'WOODEN HEART CHRISTMAS SCANDINAVIAN'})
frozenset({"PAPER CHAIN KIT 50'S CHRISTMAS "})
frozenset({'WOODEN STAR CHRISTMAS SCANDINAVIAN'})
frozenset({'SET OF 3 WOODEN HEART DECORATIONS'})
frozenset({'SET OF 3 WOODEN SLEIGH DECORATIONS'})
frozenset({'SET OF 3 WOODEN STOCKING DECORATION'})]
```

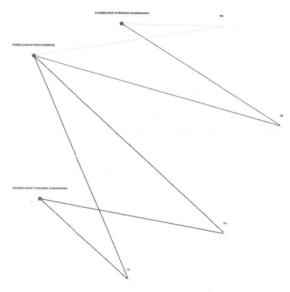

图 2-36　输出结果

示例 2：

```
visualize_rules('JAM MAKING SET WITH JARS',6)
```

图 2-37 展示经常与 JAM MAKING SET WITH JARS 这个商品组合购买的商品。

图 2-37　输出结果

图 2-38 展示规则的可视化：

```
[frozenset({'JAM MAKING SET WITH JARS'})
frozenset({'JAM MAKING SET PRINTED'})
frozenset({'PACK OF 72 RETROSPOT CAKE CASES'})
frozenset({'RECIPE BOX PANTRY YELLOW DESIGN'})
frozenset({'REGENCY CAKESTAND 3 TIER'})
frozenset({'SET OF 3 CAKE TINS PANTRY DESIGN '})]
```

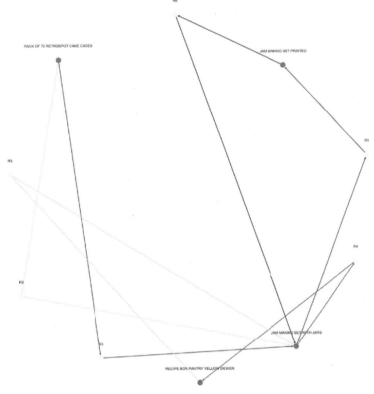

图 2-38　输出结果

小结

在第 2 章中，我们学习了如何基于超市购物车分析来构建推荐系统，还学习了如何获取经常组合购买的商品，并向客户提供建议。大多数电商都使用这种方法来展示组合购买的商品。本章以电子商务为例，用 Python 语言来实现了这种方法。

第 II 部分

流行方法

第 3 章

内容过滤

基于内容的过滤被用于推荐与被点击或被喜欢的产品或项目非常相似的产品。客户推荐建立在项目描述和客户兴趣概况的基础上。另一方面，基于内容的推荐系统在电商平台上被广泛使用。它是推荐引擎的基础之一。基于内容的过滤可以为任何事件触发；例如，点击、购买或添加到购物车。

在使用任何电商平台，例如 Amazon.com，产品页面在"相关产品"部分显示推荐。如何生成这些推荐将在这一章中讨论。

构建一个基于内容的推荐引擎，执行以下步骤即可。

1. 进行数据收集（应有完整的项目描述）。

2. 进行数据预处理。

3. 将文本转化为特征。

4. 执行相似度度量。

5. 推荐产品。

图 3-1 展示了这些步骤。

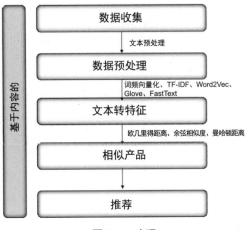

图 3-1　步骤

首先安装并导入需要用到的库：

```
# 导入库
import pandas as pd
from sklearn.feature_extraction.text import CountVectorizer
from sklearn.metrics.pairwise import cosine_similarity, manhattan_distances,
euclidean_distances
from sklearn.feature_extraction.text import TfidfVectorizer
import re
from gensim import models
import numpy as np
import matplotlib.pyplot as plt
import matplotlib.style
%matplotlib inline
from gensim.models import FastText as ft
from IPython.display import Image
import os
```

数据收集和下载词嵌入

下面来看一个电子商务数据集。从 GitHub 下载数据集。

从以下 URL 下载需要用到的预训练模型：

- Word2vec：https://drive.google.com/uc?id=0B7XkCwpI5KDYNlNUTTlSS21pQmM
- GloVe：https://nlp.stanford.edu/data/glove.6B.zip
- fastText：https://dl.fbaipublicfiles.com/fasttext/vectors-crawl/cc.en.300.bin.gz

将数据导入为 DataFrame

通过以下代码导入数据：

```
Content_df = pd.read_csv("Rec_sys_content.csv")
```

以下操作将打印 DataFrame（pandas）的前 5 行：

```
# 查看前 5 行
Content_df.head(5)
```

图 3-2 显示了前 5 行输出结果。

	StockCode	Product Name	Description	Category	Brand	Unit Price
0	22629	Ganma Superheroes Ordinary Life Case For Samsu...	New unique design, great gift.High quality pla...	Cell Phones|Cellphone Accessories|Cases & Prot...	Ganma	13.99
1	21238	Eye Buy Express Prescription Glasses Mens Wome...	Rounded rectangular cat-eye reading glasses. T...	Health|Home Health Care|Daily Living Aids	Eye Buy Express	19.22
2	22181	MightySkins Skin Decal Wrap Compatible with Ni...	Each Nintendo 2DS kit is printed with super-hi...	Video Games|Video Game Accessories|Accessories...	Mightyskins	14.99
3	84879	Mediven Sheer and Soft 15-20 mmHg Thigh w/ Lac...	The sheerest compression stocking in its class...	Health|Medicine Cabinet|Braces & Supports	Medi	62.38
4	84836	Stupell Industries Chevron Initial Wall D cor	Features: -Made in the USA - Sawtooth hanger o...	Home Improvement|Paint|Wall Decals|All Wall De...	Stupell Industries	35.99

图 3-2　输出结果

检查数据集中每一列的内部结构：

```
# 数据信息
Content_df.info()
```

输出结果如下：

```
<class 'pandas.core.frame.DataFrame'>
RangeIndex: 3958 entries, 0 to 3957
Data columns (total 6 columns):
#   Column         Non-Null Count   Dtype
--- ------         --------------   -----
0   StockCode      3958 non-null    object
1   Product Name   3958 non-null    object
2   Description    3958 non-null    object
3   Category       3856 non-null    object
4   Brand          3818 non-null    object
5   Unit Price     3943 non-null    float64
dtypes: float64(1), object(5)
memory usage: 185.7+ KB
```

预处理数据

在清洗数据之前，需要检查行数和列数，然后检查空值：

```
Content_df.shape
```

输出结果如下：

```
(3958, 6)
```

查出空值：

```
# 数据中的所有空值
Content_df.isnull().sum(axis = 0)
```

输出结果如下：

```
StockCode      0
ProductName    0
Description    0
Category       102
Brand          140
UnitPrice      15
dtype: int64
```

数据集中有少量空值。不过，我们将专注于商品名称（ProductName）和描述（Description）来建立一个基于内容的推荐引擎。对于类别，品牌和单价中的空值不必移除。

现在，加载预训练的模型：

```
# 导入 Word2Vec
word2vecModel = models.KeyedVectors.load_word2vec_format('GoogleNews-vectors-negative300.bin.gz', binary=True)
# 导入 FastText
fasttext_model=ft.load_fasttext_format("cc.en.300.bin.gz")
# 导入 GloVe
glove_df = pd.read_csv('glove.6B.300d.txt', sep=" ", quoting=3, header=None, index_col=0)
glove_model = {key: value.values for key, value in glove_df.T.items()}
```

如前所述，文本数据的 ProductName 列和 Description 列用于构建基于内容的推荐引擎。文本预处理是不可或缺的，在它之后进行的是文本到特征的转换。

预处理步骤如下。

1. 删除重复项。

2. 将字符串转换为小写。

3. 移除特殊字符。

```
## 合并产品和描述
Content_df['Description'] = Content_df['Product Name'] + ' ' + Content_df['Description']

# 删除重复项并保留第一项
unique_df = Content_df.drop_duplicates(subset=['Description'], keep='first')

# 将字符串转为小写
unique_df['desc_lowered'] = unique_df['Description'].apply(lambda x: x.lower())

# 移除特殊字符
unique_df['desc_lowered'] = unique_df['desc_lowered'].apply(lambda x: re.sub(r'[^\w\s]', '', x))

# 将描述转为列表
desc_list = list(unique_df['desc_lowered'])
unique_df= unique_df.reset_index(drop=True)
```

文本转为特征

完成文本预处理后，我们把关注点转向如何将预处理文本转为特征。

有几种方法可以将文本转为特征：

- 独热编码（One-hot encoding，OHE）；
- CountVectorizer；
- TF-IDF。

单词嵌入工具如下：

- Word2vec；
- fastText；
- GloVe。

由于机器或算法无法理解文本，自然语言处理（natural language processing，NLP）的一个关键任务是将文本数据转为称为"特征"（feature）的数值数据。有几种不同的技术可以用，让我们简要讨论一下。

OHE

OHE（独热编码）是将文本转化为数字或特征的基础且简单的方法。它将语料库中的所有标记（token）转换为列，如表 3-1 所示。然后，针对每一个观察值，如果单词存在，就标记为 1，否则就标记为 0。

表 3-1 OHE

	One	Hot	Encoding
One	1	1	0
Hot	0	1	0
Encoding	0	0	1

词频向量器 CountVectorizer

独热编码（One-Hot Encoding, OHE）的一个缺点是，如果一个词在句子中多次出现，它获得的重要性并不会增加，与只出现一次的任何其他词一样。如表 3-2 所示，词频向量器 CountVectorizer 能够解决这个问题，它通过计算在单个文本实例（如一句话或一段文本）中词出现的次数，而不是简单地将每个词的出现标记为 1 或 0。

表 3-2　CountVectorizer

	AI	new	Learn
AI is new. AI is everywhere.（人工智能是新的。人工智能无处不在）	2	1	0
Learn AI. Learn NLP.（学习人工智能。学习自然语言处理）	1	1	2
NLP is cool.（自然语言处理很酷）	0	0	0

TF-IDF

CountVectorizer 不能解决所有问题。如果句子的长度不一致或者一个词在所有句子中都重复出现，处理起来就会比较棘手。TF-IDF（Term Frequency-Inverse Document Frequency，词频 - 逆文档频率）可以解决这样的问题。

词频（term frequency，TF）指一个单词在语料库文档中出现的次数除以该文档的总字数。

逆文档频率（inverse document frequency，IDF）的计算方法是取整个文档集合中的文档总数，除以含有某个词的文档数量，然后取对数，这个对数就是 IDF。它有助于给语料库中出现频率较低的单词提供更大的权重。

将它们相乘可以得到语料库中的一个词的 TF-IDF 向量。

$$tfidf_{ij} = tf_{ij} \cdot idf_i$$

$$tf_{ij} = \frac{i \text{ 项在 } j \text{ 文档中出现的次数}}{j \text{ 文档中的总字数}}$$

$$idf_i = \log\left(\frac{\text{文档总数}}{\text{其中包含 } i \text{ 项的文档数}}\right)$$

词嵌入

尽管 TF-IDF 广泛使用，但它并不能捕捉到一个词或一个句子的上下文。词嵌入（Word Embedding）可以解决这个问题。词嵌入可以帮助捕捉上下文以及词语之间的语义和句法相似性。它们使用浅层神经网络生成一个捕捉上下文和语义的向量。

近年来，这个领域有了比较多的进步，其中包括以下几种工具：

- Word2vec；
- GloVe；
- fastText。

- Elmo；
- SentenceBERT；
- GPT。

若想进一步了解这些概念，请参考我们的另一本书 *Natural Language Processing Recipes: Unlocking Text Data with Machine Learning and Deep Learning Using Python* (Apress, 2021)。

预训练的模型（词嵌入）——GloVe、Word2vec 和 fastText——已经导入 / 加载。现在导入词 CountVectorizer 和 TF-IDF：

```
# 导入词频向量器
cnt_vec = CountVectorizer(stop_words='english')
# 导入 TF-IDF
tfidf_vec = TfidfVectorizer(stop_words='english', analyzer='word', ngram_range=(1,3))
```

相似性度量

文本转换为特征后，下一步就是构建一个基于内容的模型。相似性度量必须得到相似的向量。

相似性度量有三种类型：

- 欧几里得距离；
- 余弦相似度；
- 曼哈顿距离。

注意

　　我们还没有将文本转换为特征，只不过是加载了所有方法并在稍后再使用它们。

欧几里得距离

欧几里得距离的计算方式是先求两个向量之间的差的平方，然后再对这些平方值求和，最后对这个和值求平方根。

图 3-3 解释了欧几里得距离。

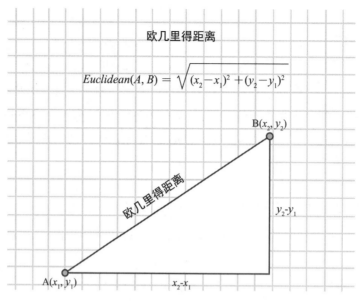

图 3-3   欧几里得距离

余弦相似度

余弦相似度是 n 维空间中两个 n 维向量间角度的余弦。它是由取两个向量的点积，再除以两个向量长度（或幅度）的乘积来计算得出的。

图 3-4 解释了余弦相似度。

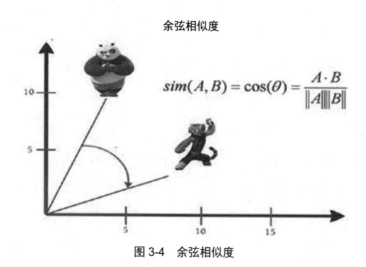

图 3-4   余弦相似度

曼哈顿距离

曼哈顿距离是两个向量之间的绝对差的和。

图 3-5 解释了曼哈顿距离。

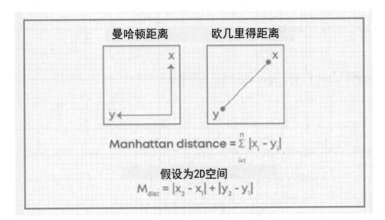

图 3-5　曼哈顿距离

下面分别为这三种相似度度量编写函数：

```
# 欧几里得距离
def find_euclidean_distances(sim_matrix, index, n=10):
    # 获取评分和索引
    result = list(enumerate(sim_matrix[index]))
    # 对评分进行排序并取前 10 个产品
    sorted_result = sorted(result,key=lambda x:x[1],reverse=False)[1:10+1]
    # 用数据映射索引
     similar_products = [{'value': unique_df.iloc[x[0]]['Product Name'], 'score' :
round(x[1], 2)} for x in sorted_result]
    return similar_products


# 余弦相似度
def find_similarity(cosine_sim_matrix, index, n=10):
    # 计算每个向量之间的余弦相似度
    result = list(enumerate(cosine_sim_matrix[index]))
    # 对评分进行排序
    sorted_result = sorted(result,key=lambda x:x[1],reverse=True)[1:n+1]
     similar_products = [{'value': unique_df.iloc[x[0]]['Product Name'], 'score' :
round(x[1], 2)} for x in sorted_result]
    return similar_products


# 曼哈顿距离
def find_manhattan_distance(sim_matrix, index, n=10):
```

```
# 获取评分和索引
result = list(enumerate(sim_matrix[index]))
# 对评分进行排序并取前 10 个产品
sorted_result = sorted(result,key=lambda x:x[1],reverse=False)[1:10+1]
# 用数据映射索引
similar_products = [{'value': unique_df.iloc[x[0]]['Product Name'], 'score' : round(x[1],
2)} for x in sorted_result]
return similar_products
```

使用 CountVectorizer 构建模型

利用 CountVectorizer 特征来编写一个推荐 10 大最相似产品的函数：

```
# 使用 count Vec 获取最相似的前几个匹配项
def get_recommendation_cv(product_id, df, similarity, n=10):
    row = df.loc[df['Product Name'] == product_id]
    index = list(row.index)[0]
    description = row['desc_lowered'].loc[index]
    # 使用 Count Vectorizer 创建向量
    count_vector = cnt_vec.fit_transform(desc_list)
    if similarity == "cosine":
        sim_matrix = cosine_similarity(count_vector)
        products = find_similarity(sim_matrix , index)
    elif similarity == "manhattan":
        sim_matrix = manhattan_distances(count_vector)
        products = find_manhattan_distance(sim_matrix , index)
    else:
        sim_matrix = euclidean_distances(count_vector)
        products = find_euclidean_distances(sim_matrix , index)
    return products
```

此函数的输入如下。

- product id：提及需要查找相似项目的产品的名称和描述。

- df：传递预处理过的数据。

- similarity：提及必须运行哪种相似性方法。

- n：推荐的数量。

现在为一个产品寻找相似产品推荐。示例如下：

```
product_id = 'Vickerman 14" Finial Drop Christmas Ornaments, Pack of 2'
```

接下来，我们将使用余弦相似度在 CountVectorizer 特征的基础上找到推荐的商品：

```
# 余弦相似度
```

```
get_recommendation_cv(product_id, unique_df, similarity = "cosine", n=10)
```

图 3-6 展示了基于 CountVectorizer 特征的余弦相似度的输出结果。

```
[{'value': 'Fancyleo Christmas Glasses Frames 2 Pack Glittered Eyeglasses Glasses
Set No Lens Kids Family Xmas Party Ornaments Gift', 'score': 0.28},
 {'value': 'storefront christmas LED Decoration Light Gold Color Star Shape Vine Wedding
 Party event','score': 0.2},
 {'value': '16 inches 40 inches "MERRY CHRISTMAS" Letter Foil Inflated Balloon Float
 Helium Aluminum Balloons for Christmas Decoration', 'score': 0.19},
 {'value': '12ct Light Gunmetal Gray Shatterproof 4-Finish Christmas Ball Ornaments
 4" (100mm)', 'score': 0.19},
 {'value': 'PeanutsÃ‚Â Valentine Sign Craft Kit (Pack of 12)', 'score': 0.13},
 {'value': 'Simplicity 3 Pack Elastic Hair Ties White/Pink/Pink Leopard, 24 Count', 'score': 0.13},
 {'value': '3 Pack Newbee Fashion- "Butterfly" Thin Design Gold Emblem Reading
 Glasses with Lanyard +1.75', 'score': 0.12},
 {'value': 'Paper Mate Write Bros. Grip Mechanical Pencil, 0.7mm 5 ea (Pack of 2)', 'score': 0.11},
 {'value': 'Christopher Radko Glass Plum Frosty Snowman Christmas Ornament #1017624', 'score': 0.11},
 {'value': 'Is It To Late To Be Good Grinch Christmas Mens Tank Top Shirt', 'score': 0.11}]
```

图 3-6　输出结果

接着使用曼哈顿距离在 CountVectorizer 特征的基础上找到推荐的商品：

```
# 曼哈顿相似度
get_recommendation_cv(product_id, unique_df, similarity = "manhattan", n=10)
```

图 3-7 展示了基于 CountVectorizer 特征的曼哈顿相似度的输出结果。

```
[{'value': 'Stepping Stones', 'score': 43.0},
 {'value': 'Global Portuguese', 'score': 43.0},
 {'value': 'Polo Blue by Ralph Lauren', 'score': 43.0},
 {'value': 'Auburn Leathercrafters Tuscany Leather Dog Collar', 'score': 45.0},
 {'value': 'Leftover Salmon', 'score': 45.0},
 {'value': 'Good (Vinyl)', 'score': 45.0},
 {'value': 'Drunken Monkeys', 'score': 45.0},
 {'value': 'DuraTech Roof Support Trim', 'score': 47.0},
 {'value': 'Amerlite Niche Sealing Ring', 'score': 47.0},
 {'value': 'Learning and Performance in Corrections', 'score': 47.0}]
```

图 3-7　输出结果

下面，使用欧几里得相似度在 CountVectorizer 特征的基础上找到推荐的商品：

```
# 欧几里得相似度
get_recommendation_cv(product_id, unique_df, similarity = "euclidean", n=10)
```

图 3-8 展示了基于 CountVectorizer 特征的欧几里得相似度的输出结果：

```
[{'value': 'Polo Blue by Ralph Lauren', 'score': 9.0},
 {'value': 'Auburn Leathercrafters Tuscany Leather Dog Collar', 'score': 9.11},
 {'value': 'Global Portuguese', 'score': 9.11},
 {'value': 'Stepping Stones', 'score': 9.22},
 {'value': 'Always in My Heart', 'score': 9.22},
 {'value': 'Leftover Salmon', 'score': 9.22},
 {'value': 'Good (Vinyl)', 'score': 9.22},
 {'value': 'Drunken Monkeys', 'score': 9.22},
 {'value': 'Learning and Performance in Corrections', 'score': 9.43},
 {'value': 'Chasing Hamburg (Vinyl)', 'score': 9.43}]
```

图 3-8   输出结果

使用 TF-IDF 特征构建模型

接下来，我们将使用 TF-IDF 特征编写一个函数，推荐 10 大最相似的产品：

```
# 使用 TF-IDF 获取最相似的比较
def get_recommendation_tfidf(product_id, df, similarity, n=10):
    row = df.loc[df['Product Name'] == product_id]
    index = list(row.index)[0]
    description = row['desc_lowered'].loc[index]
    # 使用 tfidf 创建向量
    tfidf_matrix = tfidf_vec.fit_transform(desc_list)
    if similarity == "cosine":
        sim_matrix = cosine_similarity(tfidf_matrix)
        products = find_similarity(sim_matrix , index)
    elif similarity == "manhattan":
        sim_matrix = manhattan_distances(tfidf_matrix)
        products = find_manhattan_distance(sim_matrix , index)
    else:
        sim_matrix = euclidean_distances(tfidf_matrix)
        products = find_euclidean_distances(sim_matrix , index)
    return products
```

这个函数的输入与前面的部分是一样的。推荐的产品也是相同的。

接着，我们将使用余弦相似度在 TF-IDF 特征的基础上找到推荐的产品：

```
# 余弦相似度
get_recommendation_tfidf(product_id, unique_df, similarity = "cosine", n=10)
```

图 3-9 展示了基于 TF-IDF 特征的余弦相似度的输出结果。

```
[{'value': 'Fancyleo Christmas Glasses Frames 2 Pack Glittered Eyeglasses Glasses
Set No Lens Kids Family Xmas Party Ornaments Gift', 'score': 0.07},
 {'value': 'storefront christmas LED Decoration Light Gold Color Star Shape Vine
Wedding Party event', 'score': 0.05},
 {'value': '12ct Light Gunmetal Gray Shatterproof 4-Finish Christmas Ball Ornaments
4" (100mm)', 'score': 0.05},
 {'value': '16 inches 40 inches "MERRY CHRISTMAS" Letter Foil Inflated Balloon Float
Helium Aluminum Balloons for Christmas Decoration', 'score': 0.05},
 {'value': 'Is It To Late To Be Good Grinch Christmas Mens Tank Top Shirt', 'score': 0.02},
 {'value': 'Christopher Radko Glass Plum Frosty Snowman Christmas Ornament
#1017624', 'score': 0.02},
 {'value': 'CMFUN Watercolor Brush Creative Flower Made with Ink Hand Painting for
Your Designs Pillowcase 20x20 inch', 'score': 0.02},
 {'value': 'SKIN DECAL FOR OtterBox Symmetry Samsung Galaxy S7 Case - Christmas
Snowflake Blue Ornaments DECAL, NOT A CASE', 'score': 0.02},
 {'value': "Santa's Workshop Illinois Mascot and Flag Nutcracker", 'score': 0.02},
 {'value': 'The Holiday Aisle LED C7 Faceted Christmas Light Bulb', 'score': 0.02}]
```

图 3-9　输出结果

为了使用曼哈顿相似度获取基于 TF-IDF 特征的推荐，将相似度参数改为"manhattan"：

```
# 曼哈顿相似度
get_recommendation_tfidf(product_id, unique_df, similarity = "manhattan", n=10)
```

为了使用欧几里得相似度获取基于 TF-IDF 特征的推荐，将相似度参数改为"euclidean"：

```
# 欧几里得相似度
get_recommendation_tfidf(product_id, unique_df, similarity = "euclidean", n=10)
```

使用 Word2vec 特征构建模型

接下来，我们将使用 Word2vecF 特征编写一个函数，推荐 10 大最相似的产品：

```
# 使用 Word2vec 获取最相似的比较
def get_recommendation_word2vec(product_id, df, similarity, n=10):
    row = df.loc[df['Product Name'] == product_id]
    input_index = list(row.index)[0]
    description = row['desc_lowered'].loc[input_index]
    # 使用 word2vec 为每个描述创建向量
    vector_matrix = np.empty((len(desc_list), 300))
    for index, each_sentence in enumerate(desc_list):
        sentence_vector = np.zeros((300,))
        count  = 0
        for each_word in each_sentence.split():
```

```
            try:
                sentence_vector += word2vecModel[each_word]
                count += 1
            except:
                continue
        vector_matrix[index] = sentence_vector
    if similarity == "cosine":
        sim_matrix = cosine_similarity(vector_matrix)
        products = find_similarity(sim_matrix , input_index)
    elif similarity == "manhattan":
        sim_matrix = manhattan_distances(vector_matrix)
        products = find_manhattan_distance(sim_matrix , input_index)
    else:
        sim_matrix = euclidean_distances(vector_matrix)
        products = find_euclidean_distances(sim_matrix , input_index)
    return products
```

这个函数的输入和前面是一样的。推荐的商品也是相同的。

使用曼哈顿相似度在 Word2vec 特征的基础上找到推荐的商品：

```
# 曼哈顿相似度
get_recommendation_word2vec(product_id, unique_df, similarity = "manhattan", n=10)
```

图 3-10 展示了基于 Word2vec 特征的曼哈顿相似度的输出结果。

```
[{'value': 'storefront christmas LED Decoration Light Gold Color Star Shape Vine
    Wedding Party event', 'score': 458.13},
 {'value': '8 1/2 x 14 Cardstock - Crystal Metallic (500 Qty.)', 'score': 488.19},
 {'value': 'Cavalier Spaniel St. Patricks Day Shamrock Mouse Pad&#44; Hot Pad Or
    Trivet', 'score': 497.0},
 {'value': "Call of the Wild Howling the Full Moon Women's Racerback Alpha Wolf",
    'score': 509.22},
 {'value': 'Fringe Table Skirt Purple 9 ft x 29 inches Pkg/1', 'score': 516.08},
 {'value': 'Trend Enterprises T-83315 1.25 in. Holiday Pals & Peppermint Scratch N
    Sniff Stinky Stickers&#44; Large Round', 'score': 522.0},
 {'value': "Allwitty 1039 - Women's T-Shirt Ipac Pistol Gun Apple Iphone Parody",
    'score': 525.03},
 {'value': 'Clear 18 Note Acrylic Box Musical Paperweight - Light My Fire', 'score': 526.08},
 {'value': 'Handcrafted Ercolano Music Box Featuring "Luncheon of the Boating Party"
    by Renoir, Pierre Auguste - New YorkNew York', 'score': 527.88},
 {'value': 'Platinum 5 mm Comfort Fit Half Round Wedding Band - Size 9.5', 'score': 528.08}]
```

图 3-10　输出结果

为了使用余弦相似度获取基于 Word2vec 特征的推荐，将相似度设置为"cosine"：

```
# 余弦相似度
```

```
get_recommendation_word2vec(product_id, unique_df, similarity = "cosine", n=10)
```

为了使用欧几里得相似度获取基于 Word2vec 特征的推荐，将相似度设置为“euclidean”：

```
# 欧几里得相似度
get_recommendation_word2vec(product_id, unique_df, similarity = "euclidean", n=10)
```

使用 fastText 特征构建模型

使用 fastText 特征编写一个推荐 10 大最相似商品的函数：

```
# 使用 fastText 预训练模型比较相似度以获取最佳匹配
def get_recommendation_fasttext(product_id, df, similarity, n=10):
    row = df.loc[df['Product Name'] == product_id]
    input_index = list(row.index)[0]
    description = row['desc_lowered'].loc[input_index]
    # 使用 fasttext 为每个描述创建向量
    vector_matrix = np.empty((len(desc_list), 300))
    for index, each_sentence in enumerate(desc_list):
        sentence_vector = np.zeros((300,))
        count = 0
        for each_word in each_sentence.split():
            try:
                sentence_vector += fasttext_model.wv[each_word]
                count += 1
            except:
                continue
            vector_matrix[index] = sentence_vector
    if similarity == "cosine":
        sim_matrix = cosine_similarity(vector_matrix)
        products = find_similarity(sim_matrix , input_index)
    elif similarity == "manhattan":
        sim_matrix = manhattan_distances(vector_matrix)
        products = find_manhattan_distance(sim_matrix , input_index)
    else:
        sim_matrix = euclidean_distances(vector_matrix)
        products = find_euclidean_distances(sim_matrix , input_index)
    return products
```

这个函数的输入和前面是一样的。推荐的商品也是相同的。

使用余弦相似度在 fastText 特征的基础上获取推荐：

```
# 余弦相似度
get_recommendation_fasttext(product_id, unique_df, similarity = "cosine", n=10)
```

图 3-11 显示了基于 fastText 特征的余弦相似度的输出结果。

```
[{'value': 'All Weather Cornhole Bags - Set of 8', 'score': 0.95},
 {'value': 'American Foxhound Christmas Sticky Note Holder BB8433SN', 'score': 0.95},
 {'value': '94" Bottom Width x 96 1/2" Top Width x 5 1/2"H x 1 3/4"P Stockton
   Crosshead', 'score': 0.94},
 {'value': 'Business Essentials 8" x 8" x 5" Corrugated Mailers, 12-Pack',
   'score': 0.94},
 {'value': 'Efavormart Pack of 5 Premium 17" x 17" Washable Polyester Napkins Great
   for Wedding Party Restaurant Dinner Parties', 'score': 0.94},
 {'value': '16 inches 40 inches "MERRY CHRISTMAS" Letter Foil Inflated Balloon Float
   Helium Aluminum Balloons for Christmas Decoration', 'score': 0.94},
 {'value': 'Ribbon Bazaar Double Faced Satin 2-1/4 inch Leaf Green 25 yards 100%
   Polyester Ribbon', 'score': 0.94},
 {'value': 'Buckle-Down Pet Leash - Buffalo Plaid Black Green - 4 Feet Long - 1 2"
   Wide', 'score': 0.94},
 {'value': "Diamond Clear Jewel Tone 3' Latex Balloon", 'score': 0.93},
 {'value': '48" Rect Resin Table & 6x14" Chairs - Sand', 'score': 0.93}]
```

图 3-11　输出结果

为了使用曼哈顿相似度获取基于 fastText 特征的推荐，将相似度更改为"manhattan"：

```
# 曼哈顿相似度
get_recommendation_fasttext(product_id, unique_df, similarity = "manhattan", n=10)
```

为了使用欧几里得相似度获取基于 fastText 特征的推荐，将相似度更改为"euclidean"：

```
# 欧几里得相似度
get_recommendation_fasttext(product_id, unique_df, similarity = "euclidean", n=10)
```

使用 GloVe 特征构建模型

使用 GloVe 特征编写一个推荐 10 大最相似产品的函数：

```
# 使用 GloVe 预训练模型比较相似度以获取最佳匹配
def get_recommendation_glove(product_id, df, similarity, n=10):
    row = df.loc[df['Product Name'] == product_id]
    input_index = list(row.index)[0]
    description = row['desc_lowered'].loc[input_index]
    # 使用 glove embeddings 创建向量
    vector_matrix = np.empty((len(desc_list), 300))
    for index, each_sentence in enumerate(desc_list):
        sentence_vector = np.zeros((300,))
        count = 0
```

```
        for each_word in each_sentence.split():
            try:
                sentence_vector += glove_model[each_word]
                count += 1
            except:
                continue
            vector_matrix[index] = sentence_vector
    if similarity == "cosine":
        sim_matrix = cosine_similarity(vector_matrix)
        products = find_similarity(sim_matrix , input_index)
    elif similarity == "manhattan":
        sim_matrix = manhattan_distances(vector_matrix)
        products = find_manhattan_distance(sim_matrix , input_index)
    else:
        sim_matrix = euclidean_distances(vector_matrix)
        products = find_euclidean_distances(sim_matrix , input_index)
    return products
```

这个函数的输入和前面是一样的。推荐的产品也是相同的。

使用欧几里得相似度在 GloVe 特征的基础上获取推荐：

```
# 欧几里得相似度
get_recommendation_glove(product_id, unique_df, similarity = "euclidean", n=10)
```

图 3-12 显示了基于 GloVe 特征的欧几里得相似度的输出结果。

```
[{'value': 'Spiral Birthday Candles, 36 Count', 'score': 19.13},
 {'value': 'Just Artifacts Gold Glitter Letter B', 'score': 19.92},
 {'value': 'Giant 36in. Purple Balloons (Set of 2)', 'score': 21.02},
 {'value': '(2-Pack) StealthShields Tablet Screen Protector for Lenovo IdeaPad Yoga
    11 (U...', 'score': 22.99},
 {'value': 'Ganma Superheroes Ordinary Life Case For Samsung Galaxy Note 5 Hard
    Case Cover', 'score': 23.2},
 {'value': 'Platinum 5 mm Comfort Fit Half Round Wedding Band - Size 9.5', 'score': 23.21},
 {'value': 'IN-70/65 Blue Paper Streamers 2PK', 'score': 23.46},
 {'value': "New Way 075 - Men's Sleeveless Fbi Female Body Inspector", 'score': 23.91},
 {'value': 'Coral Parchment Treat Bags', 'score': 24.03},
 {'value': '031 - Unisex Long-Sleeve T-Shirt Disobey V For Vendetta Anonymous Fawkes
    Mask', 'score': 24.23}]
```

图 3-12　输出结果

为了使用余弦相似度获取基于 GloVe 特征的推荐，将相似度设置为 "cosine"：

```
# 余弦相似度
get_recommendation_glove(product_id, unique_df, similarity = "cosine", n=10)
```

为了使用曼哈顿相似度获取基于 GloVe 特征的推荐，将相似度更改为"manhattan"：

```
# 曼哈顿相似度
get_recommendation_glove(product_id, unique_df, similarity = "manhattan", n=10)
```

共现矩阵的目的是展示每个单词在同一上下文中出现的次数。"Roses are red. The sky is blue（玫瑰是红色的。天空是蓝色的）。"图 3-13 在共现矩阵中显示了这些词语。

	Roses	are	red	Sky	is	blue
Roses	1	1	1	0	0	0
are	1	1	1	0	0	0
red	1	1	1	0	0	0
Sky	0	0	0	1	1	1
is	0	0	0	1	1	1
Blue	0	0	0	1	1	1

图 3-13　共现矩阵

这种方法的缺点是耗时，因而在实时场景中，很少采用。鉴于此，我们从数据集中选取少部分项目来进行实现：

```
# 创建共现矩阵
# 预处理
df = df.head(250)
# 合并产品名和描述
df['Description'] = df['Product Name'] + ' ' +df['Description']
unique_df = df.drop_duplicates(subset=['Description'], keep='first')
unique_df['desc_lowered'] = unique_df['Description'].apply(lambda x: x.lower())
unique_df['desc_lowered'] = unique_df['desc_lowered'].apply(lambda x: re.sub(r'[^\
w\s]', '', x))
desc_list = list(unique_df['desc_lowered'])
co_ocr_vocab = []
for i in desc_list:
    [co_ocr_vocab.append(x) for x in i.split()]
co_occur_vector_matrix = np.zeros((len(co_ocr_vocab), len(co_ocr_vocab)))
for _, sent in enumerate(desc_list):
    words = sent.split()
    for index, word in enumerate(words):
        if index != len(words)-1:
            co_occur_vector_matrix[co_ocr_vocab.index(word)][co_ocr_vocab.index(words
            [index+1])] += 1
```

使用共现矩阵构建模型

使用共线特征来编写一个推荐 10 大最相似产品的函数:

```python
# 使用共现矩阵比较相似度以获取最佳匹配
def get_recommendation_coccur(product_id, df, similarity, n=10):
    row = df.loc[df['Product Name'] == product_id]
    input_index = list(row.index)[0]
    description = row['desc_lowered'].loc[input_index]
    vector_matrix = np.empty((len(desc_list), len(co_ocr_vocab)))
    for index, each_sentence in enumerate(desc_list):
        sentence_vector = np.zeros((len(co_ocr_vocab),))
        count = 0
        for each_word in each_sentence.split():
            try:
                sentence_vector += co_occur_vector_matrix[co_ocr_vocab.index(each_word)]
                count += 1
            except:
                continue
            vector_matrix[index] = sentence_vector/count
    if similarity == "cosine":
        sim_matrix = cosine_similarity(vector_matrix)
        products = find_similarity(sim_matrix , index)
    elif similarity == "manhattan":
        sim_matrix = manhattan_distances(vector_matrix)
        products = find_manhattan_distance(sim_matrix , index)
    else:
        sim_matrix = euclidean_distances(vector_matrix)
        products = find_euclidean_distances(sim_matrix , index)
    return products
```

接下来使用欧几里得相似度在共现特征的基础上获取推荐:

```python
# 欧几里得相似度
get_recommendation_coccur(product_id, unique_df, similarity = "euclidean", n=10)
```

图 3-14 显示了基于共现特征的欧几里得相似度的输出结果。

```
[{'value': 'Toddler Kid Boys Girls Lightweight Breathable Trendy Slip-on Sneaker (6M
US Toddler, Red)', 'score': 2.17},
 {'value': "Pull-Ups Girls' Learning Designs Training Pants (Choose Pant Size and
   Count)", 'score': 2.32},
 {'value': 'Medi Comfort Closed Toe Knee Highs -15-20 mmHg Reg', 'score': 2.35},
 {'value': "JustVH Women's Solid Henley V-Neck Casual Blouse Pleated Button Tunic
   Shirt Top", 'score': 2.53},
```

```
{'value': "Dr. Comfort Paradise Women's Casual Shoe: 4.5 X-Wide (E-2E) Black Velcro",
    'score': 2.73},
{'value': 'Box Packaging White Deluxe Literature Mailer, 50/Bundle', 'score': 2.8},
{'value': 'Ebe Reading Glasses Mens Womens Amber Red Oval Round Full Frame Anti
    Glare grade ckbdp9118', 'score': 2.81},
{'value': 'Nail DIP Powder, Classic Color Collection, Dipping Acrylic For Any Kit
    or System by DipWell (CL - 58)', 'score': 2.85},
{'value': "Women's Breeze Walker", 'score': 2.94},
{'value': 'Bare Nature Vitamin Iced Tea - Guava Pineapple, 20 Fl. Oz. Bottles, 12 Ct',
    'score': 3.03}]
```

图 3-14　输出结果

为了使用余弦相似度获取基于共现特征的推荐，将相似度设置为"cosine"：

```
# 余弦相似度
get_recommendation_coccur(product_id, unique_df, similarity = "cosine", n=10)
```

为了使用曼哈顿相似度获取基于共现特征的推荐，将相似度更改为"manhattan"：

```
# 曼哈顿相似度
get_recommendation_coccur(product_id, unique_df, similarity = "manhattan", n=10)
```

小结

通过本章的学习，我们了解了如何利用文本数据来构建一个基于内容的模型，包括准备数据到最后给出推荐。我们还了解了其他一些用自然语言处理技术来构建的模型。词嵌入技术能够捕捉上下文和语义，显然是一个更好的选择。

第 4 章

协同过滤

协同过滤是推荐引擎中的一种非常流行的方法。它是这些系统提供的建议背后的预测过程，它处理并分析客户的信息，并提出他们可能会喜欢的商品。

协同过滤算法使用客户的购买历史和评分来找到相似客户，然后提出相似客户喜欢的商品作为建议。

图 4-1 概要解释了协同过滤。

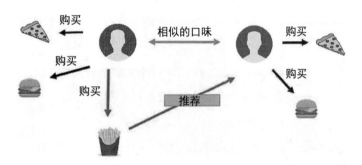

图 4-1　解析协同过滤

举个例子，想找一部新电影或新节目来看的时候，你可以向自己的朋友寻求建议，因为你们都有类似的偏好。协同过滤也有相同的概念，它通过客户与客户之间的相似性来找到相似客户，然后根据彼此的喜好来提出建议。

协同过滤方法有两种类型：客户对客户（user-to-user）和项目对项目（item-to-item）。接下来的小节将对这两种类型进行探索。在深入研究如何实现使用范围更广泛的基于 KNN 的协同过滤算法之前，我们将先探索如何使用余弦相似性实现这两种方法。

实现

以下是安装 surprise 库的代码：

```
pip install scikit-surprise
```

以下是导入基础库的代码：

```
import pandas as pd
import numpy as np
import seaborn as sns
import matplotlib.pyplot as plt
%matplotlib inline
import random
from IPython.display import Image
```

以下是导入 KNN 算法和用于 KNN 数据准备的 csr_matrix 的代码：

```
from scipy.sparse import csr_matrix
from sklearn.neighbors import NearestNeighbors
```

以下是通过导入 cosine_similarity 计算余弦相似性的代码：

```
from sklearn.metrics.pairwise import cosine_similarity
```

导入 surprise.Reader 和 surprise.Dataset 以为 surprise 进行数据准备：

```
from surprise import Reader, Dataset
```

接下来，导入 surprise.model_selection 函数以自定义 surprise 模型：

```
from surprise.model_selection import train_test_split, cross_validate, GridSearchCV
```

然后，从 surprise 包中导入算法：

```
from surprise.prediction_algorithms import CoClustering
from surprise.prediction_algorithms import NMF
```

最后，导入 accuracy 以获取如均方根误差（root-mean-square error，RMSE）和平均绝对误差（mean absolute error，MAE）等指标：

```
from surprise import accuracy
```

数据收集

本章使用一个经过数据脱敏处理的自定义数据集。可以从提供的 GitHub 链接中下载这个数据集。

以下是读取数据的代码：

```
data = pd.read_excel('Rec_sys_data.xlsx',encoding= 'unicode_escape') data.head()
```

图 4-2 展示了该 DataFrame。

	InvoiceNo	StockCode	Quantity	InvoiceDate	DeliveryDate	Discount%	ShipMode	ShippingCost	CustomerID
0	536365	84029E	6	2010-12-01 08:26:00	2010-12-02 08:26:00	0.57	ExpressAir	30.12	17850
1	536365	71053	6	2010-12-01 08:26:00	2010-12-03 08:26:00	0.15	Regular Air	15.22	17850
2	536365	21730	6	2010-12-01 08:26:00	2010-12-03 08:26:00	0.57	Regular Air	15.22	17850
3	536365	84406B	8	2010-12-01 08:26:00	2010-12-02 08:26:00	0.15	ExpressAir	30.12	17850
4	536365	22752	2	2010-12-01 08:26:00	2010-12-02 08:26:00	0.47	ExpressAir	30.12	17850

图 4-2　输入数据

关于数据集

以下是数据集的数据字典；它有 9 个特征（列）。

- InvoiceNo：特定交易的发票编号。
- StockCode：特定商品的唯一标识符。
- Quantity：客户购买的该商品的数量。
- InvoiceDate：交易日期和时间。
- DeliveryDate：发货日期和时间。
- Discount%：购买商品的折扣百分比。
- ShipMode：发货方式。
- ShippingCost：商品的运费。
- CustomerID：特定客户的唯一标识符。

通以下代码检查数据的大小：

```
data.shape
```

输出结果如下：

```
(272404, 9)
```

在 9 列中，数据集总共有 272404 笔交易。

检查一下是否存在任何空值，因为我们需要一个干净的数据集来进行进一步的分析。

```
data.isnull().sum().sort_values(ascending=False)
```

输出结果如下：

```
CustomerID      135080
Description       1454
Country             0
UnitPrice           0
InvoiceDate         0
Quantity            0
StockCode           0
InvoiceNo           0
dtype: int64
```

数据是干净的，所有列中都没有空值。在这种情况下，就不需要进一步的预处理了。

如果数据中有任何 NaN 或空值，可以使用以下方法删除：

```
data1 = data.dropna()
```

现在描述数据并检查是否有任何数据异常：

```
data1.describe()
```

图 4-3 描述了 data1。

	InvoiceNo	Quantity	Discount%	ShippingCost	CustomerID
count	272404.000000	272404.000000	272404.000000	272404.000000	272404.000000
mean	553740.733319	13.579536	0.300164	17.032280	15284.323523
std	9778.082879	149.136756	0.176173	10.011102	1714.478624
min	536365.000000	1.000000	0.000000	5.810000	12346.000000
25%	545312.000000	2.000000	0.150000	5.810000	13893.000000
50%	553902.000000	6.000000	0.300000	15.220000	15157.000000
75%	562457.000000	12.000000	0.450000	30.120000	16788.000000
max	569629.000000	74215.000000	0.600000	30.120000	18287.000000

图 4-3   data1

数量列中没有任何负值，但如果有的话，需要删除这些条目，因为这属于数据异常。

把 StockCode 列的数据类型更改为字符串，以便使所有行保持相同的类型：

```
data1.StockCode = data1.StockCode.astype(str)
```

基于内存的方法

让我们来看看实现协同过滤的最基本的方法：基于内存的方法。这种方法主要使用简单的算术运算或指标来计算两个客户或两个商品之间的相似度，以对其进行分组。例如，要找到客户与客户之间的关系，我们会用两个客户过去喜欢的商品来找出一种相似度指标，该指标被用来度量两个客户之间的相似程度。

余弦相似度是一种十分常见的相似度指标，其他的常见指标还包括欧几里得距离和皮尔森相关性系数。如果将给定客户（或商品）的行（或列）看作是一个向量或矩阵，那么这个指标就被视为几何度量。举例来说，在余弦相似度中，两个客户的相似度是通过测量这两个客户的向量之间的角度的余弦值来确定的。客户 A 和 B 之间的余弦相似度可以通过如图 4-4 所示的公式计算。

$$相似度 = \cos(\theta) = \frac{A \cdot B}{\|A\|\|B\|}$$

图 4-4　余弦相似度公式

这种方法易于实现和理解，因为它不涉及模型训练或复杂的优化算法。然而，当数据稀疏时，它的性能会下降。为了使这种方法精确工作，需要大量关于多个客户和商品的干净的数据，这限制了这种方法在大多数实际应用场景中的可扩展性。

基于内存的方法进一步分为基于客户对客户和基于商品对商品的协同过滤。

本章将探讨这两种方法的实现。

图 4-5 展示了基于客户和基于商品的过滤。

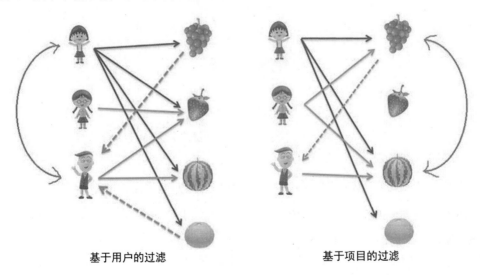

基于用户的过滤　　　　　　　　　　基于项目的过滤

图 4-5　基于客户和基于商品的协同过滤

基于客户对客户的协同过滤

基于客户对客户的协同过滤通过利用购买历史或对各种商品的评级找到相似的客户，然后将这些相似客户喜欢的商品用作建议，推荐一个特定客户可能喜欢的商品。

在这个过程中，我们构造了一个矩阵来描述所有客户对所有商品的行为（在我们的例子中是购买历史）。利用这个矩阵，你可以计算客户之间的相似度度量（余弦相似度），以形成客户与客户之间的关系。这些关系有助于找到与给定客户相似的客户，并推荐这些相似客户购买过的商品。

实现

首先，创建一个涵盖购买历史的数据矩阵。它包含所有商品的所有客户 ID（无论客户是否购买了商品）：

```
purchase_df = (data1.groupby(['CustomerID', 'StockCode'])['Quantity'].sum().
unstack().reset_index().fillna(0).set_index('CustomerID'))
purchase_df.head()
```

图 4-6 展示了购买数据矩阵。

StockCode	10002	10080	10120	10125	10133	10135	11001	15030	15034	15036	...	90214R	90214S	90214V	90214Y	BANK CHARGES	C2	DOT	M	PADS	F
CustomerID																					
12346	0.0	0.0	0.0	0.0	0.0	0.0	0.0	0.0	0.0	0.0	...	0.0	0.0	0.0	0.0	0.0	0.0	0.0	0.0		0.0
12347	0.0	0.0	0.0	0.0	0.0	0.0	0.0	0.0	0.0	0.0	...	0.0	0.0	0.0	0.0	0.0	0.0	0.0	0.0		0.0
12348	0.0	0.0	0.0	0.0	0.0	0.0	0.0	0.0	0.0	0.0	...	0.0	0.0	0.0	0.0	0.0	0.0	0.0	0.0		0.0
12350	0.0	0.0	0.0	0.0	0.0	0.0	0.0	0.0	0.0	0.0	...	0.0	0.0	0.0	0.0	0.0	0.0	0.0	0.0		0.0
12352	0.0	0.0	0.0	0.0	0.0	0.0	0.0	0.0	0.0	0.0	...	0.0	0.0	0.0	0.0	0.0	0.0	0.0	3.0		0.0

5 rows × 3538 columns

图 4-6　购买数据矩阵

图 4-6 揭示了每个客户对每个商品的总购买数量。但我们只需知道客户是否购买了商品，而不需要知道具体数量。

因此，需要使用 0 或 1 的编码，其中 0 表示未购买，1 表示购买。

首先，编写一个函数来为数据矩阵编码：

```
def encode_units(x):
    if x < 1:    # 如果数量小于 1
        return 0 # 未购买
    if x >= 1:   # 如果数量大于 1
        return 1 # 已购买
```

接下来，将这个函数应用到数据矩阵中：

```
purchase_df = purchase_df.applymap(encode_units)
purchase_df.head()
```

图 4-7 展示了编码后的购买数据矩阵。

StockCode	10002	10080	10120	10125	10133	10135	11001	15030	15034	15036	...	90214R	90214S	90214V	90214Y	BANK CHARGES	C2	DOT	M	PADS	P(
CustomerID																					
12346	0	0	0	0	0	0	0	0	0	0	...	0	0	0	0	0	0	0	0		0
12347	0	0	0	0	0	0	0	0	0	0	...	0	0	0	0	0	0	0	0		0
12348	0	0	0	0	0	0	0	0	0	0	...	0	0	0	0	0	0	0	0		0
12350	0	0	0	0	0	0	0	0	0	0	...	0	0	0	0	0	0	0	0		0
12352	0	0	0	0	0	0	0	0	0	0	...	0	0	0	0	0	0	0	1		0

5 rows × 3538 columns

图 4-7 编码后的购买数据矩阵

购买数据矩阵揭示了客户在所有商品上的购买行为。该矩阵被用于找到客户相似度得分矩阵，而相似度度量则使用的是余弦相似度。客户相似度得分矩阵为每一对客户记录了客户之间的相似度。

首先，对购买数据矩阵应用余弦相似度：

```
user_similarities = cosine_similarity(purchase_df)
```

现在，将客户相似度得分存储在 DataFrame 中（也就是相似度得分矩阵）：

```
user_similarity_data = pd.DataFrame(user_similarities,index=purchase_df.index,
columns=purchase_df.index)
user_similarity_data.head()
```

图 4-8 展示了客户相似度评分数据矩阵。

CustomerID	12346	12347	12348	12350	12352	12353	12354	12355	12356	12358	...	18269	18270	18272	18273	18278
CustomerID																
12346	1.0	0.000000	0.000000	0.000000	0.000000	0.0	0.000000	0.000000	0.000000	0.000000	...	0.000000	0.000000	0.114708	0.0	0.000000
12347	0.0	1.000000	0.070632	0.053567	0.048324	0.0	0.029001	0.091885	0.075845	0.000000	...	0.041739	0.000000	0.050669	0.0	0.036811
12348	0.0	0.070632	1.000000	0.051709	0.031099	0.0	0.027995	0.118262	0.146427	0.061546	...	0.000000	0.000000	0.024456	0.0	0.000000
12350	0.0	0.053567	0.051709	1.000000	0.035377	0.0	0.000000	0.000000	0.033315	0.070014	...	0.000000	0.000000	0.027821	0.0	0.000000
12352	0.0	0.048324	0.031099	0.035377	1.000000	0.0	0.095765	0.040456	0.100180	0.084215	...	0.110264	0.065233	0.133855	0.0	0.000000

5 rows × 3647 columns

图 4-8 客户相似度评分 DataFrame

相似度评分在 0 到 1 之间，其中接近 0 的值表示客户间的相似度较低，接近 1 的值表示客户间的相似度较高。

利用这个客户相似度评分，我们可以为指定的客户找出推荐。

创建一个函数来实现这个过程：

```
def fetch_similar_users(user_id,k=5):
    # 针对输入的客户 ID 提取相应的数据行
    user_similarity = user_similarity_data[user_similarity_data.index == user_id]

    # 所有其他客户的数据
    other_users_similarities = user_similarity_data[user_similarity_data.index != user_id]

    # 计算输入客户与每个其他客户之间的余弦相似性
    similarities = cosine_similarity(user_similarity,other_users_similarities)[0].tolist()
    user_indices = other_users_similarities.index.tolist()
    index_similarity_pair = dict(zip(user_indices, similarities))

    # 根据相似度排序
    sorted_index_similarity_pair = sorted(index_similarity_pair.items(),reverse=True)
    top_k_users_similarities = sorted_index_similarity_pair[:k]
    similar_users = [u[0] for u in top_k_users_similarities]
    print('The users with behaviour similar to that of user {0} are:'.format(user_id))
    return similar_users
```

这个函数将选定的客户从所有其他客户中分离出来，然后计算选定客户与所有客户的余弦相似度，以找出相似客户，并最终返回与选定客户最相似的前 k 个客户（通过 CustomerID）。

举个例子，找出与客户 12347 相似的客户：

```
similar_users = fetch_similar_users(12347)
similar_users
```

输出结果如下：

```
The users with behaviour similar to that of user 12347 are:
[18287, 18283, 18282, 18281, 18280]
```

正如预期的那样，与客户 12347 最相似的客户是默认的 5 个。

现在，通过显示相似客户购买的商品来获取推荐。编写另一个函数来获取相似客户的推荐：

```
def simular_users_recommendation(userid):
    similar_users = fetch_similar_users(userid)
    # 获取相似客户购买的所有商品
    simular_users_recommendation_list = []
    for j in similar_users:
```

```
        item_list = data1[data1["CustomerID"]==j]['StockCode'].to_list()
        simular_users_recommendation_list.append(item_list)
# 这会给我们一个多维列表
# 我们需要将其展平
flat_list = []
for sublist in simular_users_recommendation_list:
    for item in sublist:
        flat_list.append(item)
final_recommendations_list = list(dict.fromkeys(flat_list))
# 将 10 个随机推荐存储在一个列表中
ten_random_recommendations = random.sample(final_recommendations_list, 10)
print('Items bought by Similar users based on Cosine Similarity')
# 返回 10 个随机推荐
return ten_random_recommendations
```

这个函数获取给定客户（ID）的相似客户，并获得这些相似客户购买的所有商品的列表。然后将这个列表扁平化，以获取一个最终的唯一商品列表，然后从这个列表中随机选择 10 个推荐的商品给定客户。

使用这个函数对客户 12347 进行推荐，得到以下建议：

```
simular_users_recommendation(12347)
```

输出结果如下：

```
Items bought by Similar users based on Cosine Similarity
['21967', '21908', '21154', '20723', '23296', '22271', '22746', '22355',
'22554', '23199']
```

客户 12347 从相似客户购买的商品中得到了 10 个建议。

项目对项目的协同过滤

项目对项目（在本例中是商品）的协同过滤系统是一种通过找出与客户已购买商品类似的其他商品，进而向客户推荐可能感兴趣的商品的方法。然后为每个商品创建一个矩阵画像。购买历史或客户的评分也要用到使用。

我们构建一个矩阵来映射所有客户（在本例中是购买历史）对所有商品的行为。这个矩阵有助于计算商品之间的相似度度量（余弦相似度），从而确定不同商品之间的关联。然后，利用这种关联性，我们可以推荐与客户以前购买过的商品相似的商品。

实现

我们将沿用客户对客户协同过滤方法的初始步骤，先创建数据矩阵，它包含所有商品 ID 以及它们在历史购买记录中的所有信息（即每个客户购买的每种商品的数量）：

```
items_purchase_df = (data1.groupby(['StockCode','CustomerID'])['Quantity']. sum().
unstack().reset_index().fillna(0).set_index('StockCode'))
items_purchase_df.head()
```

输出结果如图 4-9 所示，展示了商品购买数据矩阵。

CustomerID StockCode	12346	12347	12348	12350	12352	12353	12354	12355	12356	12358	...	18269	18270	18272	18273	18278	18280	18281	18282	18283
10002	0.0	0.0	0.0	0.0	0.0	0.0	0.0	0.0	0.0	0.0	...	0.0	0.0	0.0	0.0	0.0	0.0	0.0	0.0	0.0
10080	0.0	0.0	0.0	0.0	0.0	0.0	0.0	0.0	0.0	0.0	...	0.0	0.0	0.0	0.0	0.0	0.0	0.0	0.0	0.0
10120	0.0	0.0	0.0	0.0	0.0	0.0	0.0	0.0	0.0	0.0	...	0.0	0.0	0.0	0.0	0.0	0.0	0.0	0.0	0.0
10125	0.0	0.0	0.0	0.0	0.0	0.0	0.0	0.0	0.0	0.0	...	0.0	0.0	0.0	0.0	0.0	0.0	0.0	0.0	0.0
10133	0.0	0.0	0.0	0.0	0.0	0.0	0.0	0.0	0.0	0.0	...	0.0	0.0	0.0	0.0	0.0	0.0	0.0	0.0	0.0

5 rows × 3647 columns

图 4-9   商品购买数据矩阵

这个数据矩阵展示了每个客户对每个商品的总购买数量。但我们真正需要的信息仅仅是客户是否购买了该商品。

我们将使用 0 或 1 进行编码，其中 0 表示未购买，1 表示已购买。

继续使用之前创建的 encode_units 函数：

```
items_purchase_df = items_purchase_df.applymap(encode_units)
```

商品购买数据矩阵揭示了所有客户对所有商品的购买行为。我们使用这个矩阵，配合余弦相似度度量找出商品相似度得分。商品相似度得分矩阵为每一对商品提供了商品之间的相似度。

首先，将余弦相似度应用于商品购买数据矩阵：

```
item_similarities = cosine_similarity(items_purchase_df)
```

现在，将商品相似度得分存储在一个 DataFrame（也就是相似度得分矩阵）中：

```
item_similarity_data = pd.DataFrame(item_similarities,index=items_purchase_
df.index,columns=items_purchase_df.index)
item_similarity_data.head()
```

图 4-10 展示了商品相似度评分数据矩阵。

StockCode	10002	10080	10120	10125	10133	10135	11001	15030	15034	15036	...	90214R	90214S	90214V	90214Y	BAN CHARGE
StockCode																
10002	1.000000	0.000000	0.108821	0.094281	0.062932	0.091902	0.110095	0.059761	0.083771	0.095449	...	0.0	0.0	0.0	0.0	0.
10080	0.000000	1.000000	0.000000	0.043033	0.028724	0.067116	0.000000	0.000000	0.076472	0.044023	...	0.0	0.0	0.0	0.0	0.
10120	0.108821	0.000000	1.000000	0.068399	0.068483	0.026669	0.079872	0.086711	0.121547	0.034986	...	0.0	0.0	0.0	0.0	0.
10125	0.094281	0.043033	0.068399	1.000000	0.044499	0.051988	0.051900	0.000000	0.039490	0.034100	...	0.0	0.0	0.0	0.0	0.
10133	0.062932	0.028724	0.068483	0.044499	1.000000	0.266043	0.051964	0.075218	0.079078	0.053110	...	0.0	0.0	0.0	0.0	0.

5 rows × 3538 columns

图 4-10　商品相似度的 DataFrame

相似度评分介于 0 和 1 之间，接近 0 的值代表相似度较低，接近 1 的值代表相似度较高。

我们将利用商品相似度得分的数据来为给定客户做出推荐。通过以下代码来为此创建一个函数：

```
def fetch_similar_items(item_id,k=10):
    # 分离出选中商品的数据行
    item_similarity = item_similarity_data[item_similarity_data.index == item_id]
    # 所有其他商品的数据
    other_items_similarities = item_similarity_data[item_similarity_data.index != item_id]
    # 计算选中商品与其他商品之间的余弦相似度
    similarities = cosine_similarity(item_similarity,other_items_similarities)[0].tolist()
    # 创建这些商品的索引列表
    item_indices = other_items_similarities.index.tolist()
    # 创建商品索引和其相似度的键 / 值对
    index_similarity_pair = dict(zip(item_indices, similarities))
    # 根据相似度排序
    sorted_index_similarity_pair = sorted(index_similarity_pair.items())
    # 从顶部取出 k 个商品
    top_k_item_similarities = sorted_index_similarity_pair[:k]
    similar_items = [u[0] for u in top_k_item_similarities]
    print('Similar items based on purchase behaviour (item-to-item collaborative filtering)')
    return similar_items
```

此函数将选中的商品与所有其他商品分开，然后计算选中商品与所有商品的余弦相似度，并最终返回与选定商品最相似的前 k 个商品（StockCodes）。

举个例子，查找商品 10002 的相似商品：

```
similar_items = fetch_similar_items('10002')
similar_items
```

输出结果如下：

```
Similar items based on purchase behavior (item-to-item collaborative filtering)
['10080',
```

```
'10120',
'10123C',
'10124A',
'10124G',
'10125',
'10133',
'10135',
'11001',
'15030']
```

正如预期的那样，商品 10002 的相似商品为默认的 10 个。

现在，我们将根据特定客户购买过的商品来为该客户推荐相似商品。编写另一个函数来获取相似商品推荐：

```
def simular_item_recommendation(userid):
    simular_items_recommendation_list = []
    # 获取客户购买的所有相似商品
    item_list = data1[data1["CustomerID"]==userid]['StockCode'].to_list()
    for item in item_list:
        similar_items = fetch_similar_items(item)
        simular_items_recommendation_list.append(item_list)
    # 这给我们一个多维列表
    # 我们需要将其展平
    flat_list = []
    for sublist in simular_items_recommendation_list:
        for item in sublist:
            flat_list.append(item)
    final_recommendations_list = list(dict.fromkeys(flat_list))
    # 将 10 个随机推荐存储在列表中
    ten_random_recommendations = random.sample(final_recommendations_list, 10)
    print('Similar Items bought by our users based on Cosine Similarity')
    # 返回 10 个随机推荐
    return ten_random_recommendations
```

此函数获取我们给定客户（ID）先前购买的所有商品的相似商品列表。然后，这个列表被展平，得到一个唯一商品的最终列表，从中随机选择 10 个商品向给定客户推荐。

再次使用此函数，为客户 12347 给出推荐，结果如下：

```
simular_item_recommendation(12347)
```

输出结果如下：

```
Similar Items bought by our users based on Cosine Similarity
['22196',
```

'22775',
'22492',
'23146',
'22774',
'21035',
'16008',
'21041',
'23316',
'22550']

客户 12347 收到了 10 个与他先前购买的商品相似的商品推荐。

基于 KNN 的方法

你已经学习了协同过滤的基础知识，并实现了客户对客户和商品对商品的过滤。现在来深入了解基于机器学习的方法，在构建推荐系统时，这些方法更为强大和流行。

机器学习

机器学习是机器从经验（数据）中学习并进行有意义的预测的能力，而毋须显式编程。它是人工智能的一个子领域，专注于构建能够从数据中学习的系统。其主要目标是让计算机能够自主学习，而不需要人工干预。

机器学习有三个主要的类别。

- 监督式学习：监督式学习利用已标记的训练数据来推导出模式或函数，并使模型或机器学习。数据包含一个因变量（目标标签）和自变量（或预测变量）组成。机器试图学习已标记数据的函数，并预测未见过数据的输出。
- 无监督学习：在无监督学习中，机器在不使用已标记数据的情况下学习隐藏的模式，所以它不包含训练。这种算法根据数据点之间的相似性或距离来学习捕捉模式。
- 强化学习：强化学习是通过采取行动来最大化奖励的过程。算法通过经验来学习如何达到目标。

图 4-11 阐明了所有的类别和子类别。

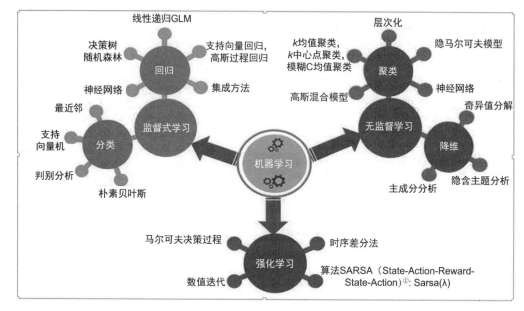

图 4-11　机器学习类别

监督式学习

监督式学习有两种类型：回归和分类。

首先是回归。回归是一种统计预测建模技术，用于找出因变量和一个或多个自变量之间的关系。当因变量是连续的，即预测可以取任何数值时，就使用回归。

常用的回归算法包括线性回归、决策树、随机森林、支持向量机（SVM）、LightGBM 和 XGBoost。

然后是分类。分类是一种监督式机器学习技术，其中因变量或输出变量是类别型的（categorical）；例如，垃圾邮件 / 非垃圾邮件，流失 / 未流失等。

- 在二元分类（binary classification）中，答案要么是"是"，要么是"否"。没有第三个选项；例如，某个企业的客户只有两种可能：流失或未流失。

- 在多类别分类（multiclass classification）中，标签变量可以有多个类别。举例来说，电商网站的产品分类就是多类别的。

---

① 译注：State-Action-Reward-State-Action，该算法是一种经典的强化学习算法，用于解决马尔可夫决策过程（MDP）问题。该算法在 1994 年由美国计算机科学家 Rummery 和 Niranjan 提出。

常用的分类算法包括逻辑回归、k 最近邻、决策树、随机森林、支持向量机（SVM）、LightGBM 和 XGBoost。我们重复讲讲 k- 最近邻。

k 最近邻（k-nearest neighbor，KNN）算法是一种监督式机器学习模型，用于分类和回归问题。它是一种非常稳健的算法，易于实现和解读，并且花费的计算时间较少。由于它是一种监督式学习算法，因此已标记数据是必需的。

图 4-12 解释了 KNN 算法。

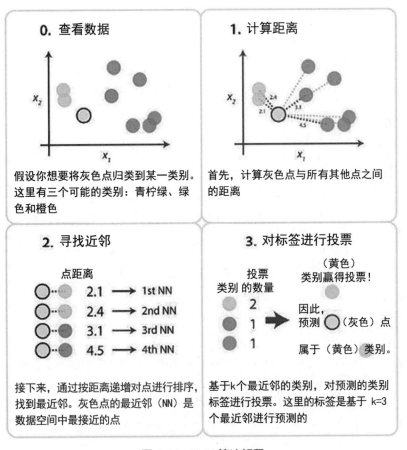

图 4-12　KNN 算法解释

现在，尝试在客户对客户过滤中创建的 purchase_df 上实现一个简单的 KNN 模型。这种方法将沿用前文中的相似步骤（即基于相似客户购买的商品列表进行推荐）。不同之处在于，KNN 模型会（为指定客户）找到相似的客户。

实现

在将稀疏矩阵（即 purchase_df）传递给 KNN 之前，必须将其转换为 CSR 矩阵。

CSR 将稀疏矩阵分解为三个独立的数组：

- 值；
- 行的范围；
- 列的索引。

将稀疏矩阵转换为 CSR 矩阵：

```
purchase_matrix = csr_matrix(purchase_df.values)
```

使用欧几里得距离度量创建 KNN 模型：

```
knn_model = NearestNeighbors(metric = 'euclidean', algorithm = 'brute')
```

创建了模型后，将其拟合到数据 / 矩阵上：

```
knn_model.fit(purchase_matrix)
```

图 4-13 显示了拟合的 KNN 模型。

```
┌─────────────────────────────────────────────────────┐
│  ▾                    NearestNeighbors                │
│  NearestNeighbors(algorithm='brute', metric='euclidean')│
└─────────────────────────────────────────────────────┘
```

图 4-13　拟合的 KNN 模型

现在，KNN 模型已经就绪。编写一个函数来使用模型获取相似的客户：

```
def fetch_similar_users_knn(purchase_df,query_index):
    # 创建一个空列表，我们将在这里存储相似客户的客户 id
    simular_users_knn = []
    # 存储最近邻的距离和索引
    distances, indices = knn_model.kneighbors(purchase_df.iloc[query_index,:].
    values.reshape(1, -1), n_neighbors = 5)
    for i in range(0, len(distances.flatten())):
        if i == 0:
            print('Recommendations for {0}:\n'.format(purchase_
            df.index[query_index]))
        else:
            print('{0}: {1}, with distance of {2}:'.format(i, purchase_
            df.index[indices. flatten()[i]], distances.flatten()[i])

            simular_users_knn.append( purchase_df.index[indices.
            flatten()[i]])
```

该函数首先使用 KNN 模型的函数计算 5 个最近邻的距离和索引，接着处理这个输出，并返回一个仅包含相似客户的列表。我们取 DataFrame 中的索引作为输入，而不是 user_id。

对索引 1497 进行测试：

fetch_similar_users_knn(purchase_df,1497)

输出如下：

```
Recommendation for 14729
1: 16917, with distance of 8.12403840463596:
2: 16989, with distance of 8.12403840463596:
3: 15124, with distance of 8.12403840463596:
4: 12897, with distance of 8.246211251235321:
```

simular_users_knn

输出结果如下：

[16917, 16989, 15124, 12897]

现在已经有了相似客户，让我们通过显示这些相似客户购买的商品来获取推荐。

编写一个函数来获取相似客户的推荐：

```
def knn_recommendation(simular_users_knn):
    # 获取所有相似客户购买的商品
    knn_recommnedations = []
    for j in simular_users_knn:
        item_list = data1[data1["CustomerID"]==j]['StockCode'].to_list()
        knn_recommnedations.append(item_list)
    # 这给了我们一个多维的列表
    # 我们需要将它展平
    flat_list = []
    for sublist in knn_recommnedations:
        for item in sublist:
            flat_list.append(item)
    final_recommendations_list = list(dict.fromkeys(flat_list))
    # 在列表中随机存储 10 个推荐
    ten_random_recommendations = random.sample(final_recommendations_list, 10)
    print('Items bought by Similar users based on KNN')
    # 返回 10 个随机推荐
    return ten_random_recommendations
```

这个函数复制了客户对客户过滤器中使用的逻辑。接下来，获得相似客户购买的最终商品列表，并从中推荐任意 10 种商品。

在之前生成的相似客户列表上使用这个函数可以得到以下推荐：

knn_recommendation(simular_users_knn)

以下是使用 KNN 方法的输出结果：

```
Items bought by Similar users based on KNN
['22487',
 '84997A',
 '22926',
 '22921',
 '22605',
 '23298',
 '22916',
 '22470',
 '22927',
 '84978']
```

客户 14729 得到了根据相似客户购买的产品而给出的 10 个建议。

小结

本章介绍了基于协同过滤的推荐引擎，并使用基本的算术运算实现了两种过滤方法——客户对客户和项目对项目。本章还探讨了 k 最近邻算法（以及一些机器学习基础知识）。最后使用 KNN 方法实现了基于客户对客户的协同过滤。下一章将探讨实现基于协同过滤的推荐引擎的其他流行方法。

第 5 章

使用矩阵分解、奇异值分解和共聚类的协同过滤

第 4 章探索了协同过滤并使用了 KNN 方法。本章将涵盖更多重要的方法，包括矩阵分解（matrix factorization，MF）、奇异值分解（singular value decomposition，SVD）和共聚类（co-clustering）。这些方法（包括 KNN 在内）都属于基于模型的协同过滤方法。计算余弦相似性以找到相似客户的基础算术方法属于基于内存的方法。每种方法各有优点和缺点，具体使用哪种方法取决于应用场景。

图 5-1 解释了协同过滤的两种类型的方法。

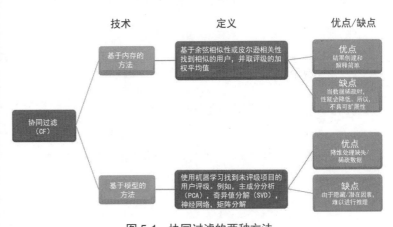

图 5-1　协同过滤的两种方法

基于内存的方法更容易实现和解释，但是由于数据稀疏，其性能通常会受到影响。另一方面，像 MF 这样基于模型的方法在处理稀疏数据上的效果很好，但通常不直观，也不容易

解释，而且实现起来可能更复杂。但是，基于模型的方法在处理大型数据集时的表现更好，因此具有较好的可扩展性。

本章将重点介绍几种基于模型的流行方法，包括使用第 4 章所使用的数据集实施的矩阵分解、奇异值分解（SVD）以及共聚类模型。

实现矩阵分解、共聚类和 SVD

以下实现是第 4 章的延续，使用的是同一个数据集。

先来看看数据：

`data1.head()`

图 5-2 显示了第 4 章的 DataFrame。

	InvoiceNo	StockCode	Quantity	InvoiceDate	DeliveryDate	Discount%	ShipMode	ShippingCost	CustomerID
0	536365	84029E	6	2010-12-01 08:26:00	2010-12-02 08:26:00	0.20	ExpressAir	30.12	17850
1	536365	71053	6	2010-12-01 08:26:00	2010-12-02 08:26:00	0.21	ExpressAir	30.12	17850
2	536365	21730	6	2010-12-01 08:26:00	2010-12-03 08:26:00	0.56	Regular Air	15.22	17850
3	536365	84406B	8	2010-12-01 08:26:00	2010-12-03 08:26:00	0.30	Regular Air	15.22	17850
4	536365	22752	2	2010-12-01 08:26:00	2010-12-04 08:26:00	0.57	Delivery Truck	5.81	17850

图 5-2 输入数据

复用第 4 章的 item_purchase_df，该矩阵包含商品信息和客户是否购买了该商品的信息：

`items_purchase_df.head()`

图 5-3 显示了商品购买 DataFrame/ 矩阵。

CustomerID StockCode	12346	12347	12348	12350	12352	12353	12354	12355	12356	12358	...	18269	18270	18272	18273	18278	18280	18281	18282	18283
10002	0.0	0.0	0.0	0.0	0.0	0.0	0.0	0.0	0.0	0.0	...	0.0	0.0	0.0	0.0	0.0	0.0	0.0	0.0	0.0
10080	0.0	0.0	0.0	0.0	0.0	0.0	0.0	0.0	0.0	0.0	...	0.0	0.0	0.0	0.0	0.0	0.0	0.0	0.0	0.0
10120	0.0	0.0	0.0	0.0	0.0	0.0	0.0	0.0	0.0	0.0	...	0.0	0.0	0.0	0.0	0.0	0.0	0.0	0.0	0.0
10125	0.0	0.0	0.0	0.0	0.0	0.0	0.0	0.0	0.0	0.0	...	0.0	0.0	0.0	0.0	0.0	0.0	0.0	0.0	0.0
10133	0.0	0.0	0.0	0.0	0.0	0.0	0.0	0.0	0.0	0.0	...	0.0	0.0	0.0	0.0	0.0	0.0	0.0	0.0	0.0

5 rows × 3647 columns

图 5-3 商品购买 DataFrame/ 矩阵

本章使用名为 surprise 的 Python 包进行建模。它能够实现协同过滤中的一些流行方法，比如矩阵分解、SVD、共聚类甚至 KNN。

将数据格式化为 surprise 包所要求的恰当格式。从堆叠 DataFrame/ 矩阵开始：

```
data3 = items_purchase_df.stack().to_frame()
# 将列名重命名为 Quantity
data3 = data3.reset_index().rename(columns={0:"Quantity"})
data3
```

图 5-4 显示了堆叠后输出的 DataFrame。

	StockCode	CustomerID	Quantity
0	10002	12346	0
1	10002	12347	0
2	10002	12348	0
3	10002	12350	0
4	10002	12352	0
...	...	...	...
12903081	POST	18280	0
12903082	POST	18281	0
12903083	POST	18282	0
12903084	POST	18283	0
12903085	POST	18287	0

12903086 rows × 3 columns

图 5-4　堆叠的商品购买 DataFrame/ 矩阵

然后要求输出商品数量：

```
print(items_purchase_df.shape)
print(data3.shape)
```

输出结果如下：

```
(3538, 3647)
(12903086, 3)
```

可以看出，items_purchase_df 有 3538 个唯一的商品（行）和 3647 个唯一的客户（列）。堆叠的 DataFrame 有 3538 × 3647 = 12903086 行，这对于任何算法来说都太大了。

根据订单数量来过滤一些客户和商品。首先，将所有的 ID 存放到一个列表中：

```
# 将所有的客户 id 存放到 customers
customer_ids = data1['CustomerID']
# 将所有的商品描述存放到 items
item_ids = data1['StockCode']
```

接着导入 counter，用它来计算每个客户的订单数量以及每个商品的订单数量：

```
from collections import Counter
```

计算每个客户的订单数量，并将这些信息存放到一个 DataFrame 中：

```
# 计算每个客户的订单数量
count_orders = Counter(customer_ids)
# 将计数和客户 id 存放到一个 DataFrame 中
customer_count_df = pd.DataFrame.from_dict(count_orders, orient='index').reset_
index().rename(columns={0:"Quantity"})
```

删除所有订单数量少于 120 的客户 ID：

```
customer_count_df = customer_count_df[customer_count_df["Quantity"]>120]
```

将索引列重命名为"CustomerID"，用于内连接（inner join）：

```
customer_count_df.rename(columns={'index':'CustomerID'},inplace=True)
customer_count_df
```

图 5-5 展示了客户数量 DataFrame 的输出。

	CustomerID	Quantity
0	17850	297
1	13047	140
2	12583	182
6	14688	265
8	15311	1892
...	...	...
3308	14096	1170
3367	16910	261
3392	16360	226
3413	17728	133
3589	17528	122

568 rows × 2 columns

图 5-5   客户数量 DataFrame

类似地，对商品重复相同的过程（即，计算每个商品的订单数量并将其存放到一个 DataFrame 中）：

```
# 计算每个商品的订单数量
count_items = Counter(item_ids)
# 将计数和商品描述存放到一个 DataFrame 中
item_count_df = pd.DataFrame.from_dict(count_items, orient='index').reset_index().
rename(columns={0:"Quantity"})
```

删除所有订单数量少于 120 的商品：

```
item_count_df = item_count_df[item_count_df["Quantity"]>120]
```

将索引列重命名为"Description"：

```
item_count_df.rename(columns={'index':'StockCode'},inplace=True)
```

```
item_count_df
```

图 5-6 展示了商品数量 DataFrame 的输出。

	StockCode	Quantity
0	84029E	161
1	71053	220
3	84406B	213
4	22752	229
5	85123A	1606
...	...	...
3295	23294	181
3296	23295	213
3363	23328	129
3373	23356	148
3376	23355	232

679 rows × 2 columns

图 5-6　商品数量 DataFrame

接下来，将两个 DataFrame 与堆叠数据进行合并，创建出最终的过滤后 DataFrame：

```
# 将堆叠的 DataFrame 与商品数量 DataFrame 进行合并
data4 = pd.merge(data3, item_count_df, on='StockCode', how='inner')
# 与客户数量 DataFrame 进行合并
data4 = pd.merge(data4, customer_count_df, on='CustomerID', how='inner')
# 删除不必要的列
data4.drop(['Quantity_y','Quantity_x'],axis=1,inplace=True)
data4
```

图 5-7 展示了过滤后 DataFrame 的输出结果。

	StockCode	CustomerID	Quantity
0	10133	12347	124
1	15036	12347	124
2	15056BL	12347	124
3	15056N	12347	124
4	16156S	12347	124
...	...	...	...
385667	85132C	18283	447
385668	85150	18283	447
385669	85152	18283	447
385670	M	18283	447
385671	POST	18283	447

385672 rows × 3 columns

图 5-7　最终过滤后的 DataFrame

现在数据的大小已经减少了许多，我们来描述它并看一看统计信息：

```
data4.describe()
```

图 5-8 展示了过滤后的 DataFrame。

	CustomerID	Quantity
count	385672.000000	385672.000000
mean	15360.985915	279.089789
std	1719.468125	337.879413
min	12347.000000	121.000000
25%	13996.250000	151.000000
50%	15413.000000	198.000000
75%	16840.000000	290.000000
max	18283.000000	5095.000000

图 5-8　过滤后的 DataFrame

可以从输出中看到，记录数量已经从 12903086 大幅减少到了 385672。但是，这个 DataFrame 需要进一步地格式化，以支持 surprise 包的内置函数。

以 surprise 库支持的格式读取数据：

```
reader = Reader(rating_scale=(0,5095))
```

因为最大数量的值是 5095，所以我们将把范围设定为"0，5095"。

加载一个 surprise 库支持的数据集：

```
formated_data = Dataset.load_from_df(data4, reader)
```

最后的格式化数据已经准备就绪了。

现在，将数据分割为训练集和测试集，以验证模型：

```
# 对数据集进行训练和测试集分割
train_set, test_set = train_test_split(formated_data, test_size= 0.2)
```

实现 NMF

模拟非负矩阵分解方法。图 5-9 解释了矩阵分解（乘法）。

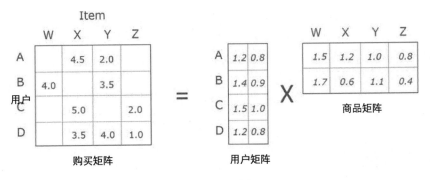

图 5-9　矩阵分解

矩阵分解常用于构建基于协同过滤的推荐系统。它是一种基础嵌入模型，其中，潜在 / 隐藏特征（嵌入）是通过使用矩阵乘法从客户和项目矩阵中生成的。这种方法降低了完整输入的矩阵的维度，从而形成一种紧凑的表示，提高了系统的可扩展性和性能。这些潜在特征随后被用于拟合优化问题（通常是最小化误差方程）以生成预测：

```
# 定义模型
algo1 = NMF()
# 模型拟合
algo1.fit(train_set)
# 模型预测
pred1 = algo1.test(test_set)
```

使用内置函数，可以计算像 RMSE（root- mean- squared error，均方根误差）和 MAE（mean absolute error，平均绝对误差）这样的性能度量：

```
# RMSE
accuracy.rmse(pred1)
#MAE
accuracy.mae(pred1)
```

输出结果如下：

```
RMSE: 428.3167
MAE: 272.6909
```

这个模型的 RMSE 和 MAE 都较高，让我们再试试其他两个模型，然后在最后进行比较。

还可以用交叉验证（使用内置函数）来进一步验证这些值：

```
cross_validate(algo1, formated_data, verbose=True)
```

图 5-10 展示了 NMF 的交叉验证输出。交叉验证显示，平均 RMSE 为 427.774，MAE 约为 272.627，属于中等偏高。

```
Evaluating RMSE, MAE of algorithm NMF on 5 split(s).

                Fold 1  Fold 2  Fold 3  Fold 4  Fold 5  Mean    Std
RMSE (testset)  408.786 3439.814 0413.959 4454.817 1421.493 6427.774 117.1296
MAE (testset)   266.910 3275.054 3274.251 4275.623 6271.296 4272.627 23.2237
Fit time        0.13    0.13    0.12    0.13    0.14    0.13    0.00
Test time       0.03    0.03    0.03    0.02    0.03    0.03    0.00
```

图 5-10　NMF 的交叉验证输出

实现共聚类

共聚类（也称为双聚类，bi-clustering）常用于协同过滤。它是一种同时对 DataFrame/ 矩阵的列和行进行聚类的数据挖掘技术。它不同于普通的聚类方法，普通的聚类方法会基于某一单一实体 / 类型的相似性来检查每个对象与其他对象之间的相似性。然而在共聚类中，需要同时检查每个对象中的两种不同实体或比较类型的共同分组，这就像是一种成对的交互。

下面试着用共聚类方法来进行建模：

```
# 定义模型
algo2 = CoClustering()
# 模型拟合
algo2.fit(train_set)
# 模型预测
pred2 = algo2.test(test_set)
```

使用内置函数计算 RMSE 和 MAE 性能指标：

```
# RMSE
accuracy.rmse(pred2)
# MAE
accuracy.mae(pred2)
```

输出结果如下：

```
RMSE: 6.7877
MAE: 5.8950
```

此模型的 RMSE 和 MAE 都很低。到目前为止，这个模型的表现是最好的（比 NMF 好）。

进一步验证这些值。可以使用内置函数进行交叉验证：

```
cross_validate(algo2, formated_data, verbose=True)
```

图 5-11 显示了共聚类的交叉验证输出。交叉验证显示，平均 RMSE 为 14.031，MAE 约为 6.135，这是相当低的。

```
Evaluating RMSE, MAE of algorithm CoClustering on 5 split(s).

                 Fold 1   Fold 2   Fold 3   Fold 4   Fold 5   Mean     Std
RMSE (testset)   6.8485   6.6710   34.0950  11.0666  11.4735  14.0309  10.2338
MAE (testset)    5.6185   5.0401   7.0667   7.0208   5.9296   6.1352   0.7950
Fit time         0.19     0.17     0.18     0.20     0.18     0.18     0.01
Test time        0.01     0.01     0.02     0.01     0.01     0.01     0.00
```

图 5-11　共聚类的交叉验证输出

实现 SVD

奇异值分解是一种常被用作降维方法的线性代数概念。它也是一种矩阵分解类型。奇异值分解在协同过滤中的应用方式和它在其他应用场景中的方式相似，其中，一个矩阵的行和列分别是客户和项目，该矩阵被进一步减少为隐性特征矩阵。然后通过最小化一个误差方程来得到预测。

下面试着使用 SVD 方法来进行建模：

```
# 定义模型
import SVD
algo3 = SVD()
# 模型拟合
algo3.fit(train_set)
# 模型预测
pred3 = algo3.test(test_set)
```

使用内置函数计算 RMSE 和 MAE 性能指标：

```
# RMSE
accuracy.rmse(pred3)
# MAE
accuracy.mae(pred3)
```

输出结果如下所示：

```
RMSE: 4827.6830
MAE: 4815.8341
```

此模型的 RMSE 和 MAE 都非常高。到目前为止，这个模型的表现是最差的（比 NMF 和共聚类都差）。

为了进一步验证这些值，可以使用内置函数进行交叉验证：

```
cross_validate(algo3, formated_data, verbose=True)
```

图 5-12 显示了 SVD 的交叉验证输出。交叉验证显示，平均 RMSE 为 4831.928，MAE 约为 4821.549，这是非常高的。

```
Evaluating RMSE, MAE of algorithm SVD on 5 split(s).

                Fold 1   Fold 2   Fold 3   Fold 4   Fold 5   Mean     Std
RMSE (testset)  4826.9477 4824.5461 4833.9809 4821.3278 4831.9276 4827.7460 4.6568
MAE (testset)   4814.7419 4812.7887 4823.2951 4807.1767 4821.5486 4815.9102 5.8943
Fit time        0.11     0.10     0.10     0.10     0.10     0.10     0.00
Test time       0.04     0.04     0.04     0.04     0.04     0.04     0.00
```

图 5-12   SVD 的交叉验证输出

获取推荐

共聚类模型比 NMF 和 SVD 模型的表现要好。不过在开始预测之前，我们将再次对模型进行验证。

使用项目 47590B 和客户 15738 来验证模型：

data1[(data1['StockCode']=='47590B')&(data1['CustomerID']==15738)].Quantity.sum()

输出结果如下：

78

获取对同样的组合的预测，以查看估计或预测：

algo2.test([['47590B',15738,78]])

输出结果如下：

[Prediction(uid='47590B', iid=15738, r_ui=78, est=133.01087456331527, details={'was_impossible': False})]

模型给出的预测值是 133.01，而实际值是 78。它与实际值接近，这进一步验证了模型的性能。

预测结果来自于共聚类模型：

pred2

输出结果如下：

[Prediction(uid='85014B', iid=17228, r_ui=130.0, est=119.18329013727276, details={'was_impossible': False}),
Prediction(uid='84406B', iid=16520, r_ui=156.0, est=161.85867140088936, details={'was_impossible': False}),
Prediction(uid='47590B', iid=17365, r_ui=353.0, est=352.7773176826455, details={'was_impossible': False}),
...,
Prediction(uid='85049G', iid=16755, r_ui=170.0, est=159.5403752414615, details={'was_impossible': False}),
Prediction(uid='16156S', iid=14895, r_ui=367.0, est=368.129814201444, details={'was_impossible': False}),

```
Prediction(uid='47566B', iid=17238, r_ui=384.0, est=393.60123986750034,
details-{'was_impossible': False})]
```

现在，用这些预测结果来看看最好和最差的预测。不过，首先，我们需要把最终的输出转化为一个 DataFrame：

```
predictions_data = pd.DataFrame(pred2, columns=['item_id', 'customer_id', 'quantity',
'prediction', 'details'])
```

我们还需要使用以下函数来添加一些重要的信息，比如每条记录的商品订单数和客户订单数：

```
def get_item_orders(user_id):
    try:
        # 对于一个商品，返回其下单的次数
        return len(train_set.ur[train_set.to_inner_uid(user_id)])
    except ValueError:
        # 如果客户在训练集中不存在
        return 0


def get_customer_orders(item_id):
    try:
        # 对于一个客户，返回其下单的次数
        return len(train_set.ir[train_set.to_inner_iid(item_id)])
    except ValueError:
        # 如果商品在训练集中不存在
        return 0
```

接着，调用这些函数：

```
predictions_data['item_orders'] = predictions_data.item_id.apply(get_item_orders)
predictions_data['customer_orders'] = predictions_data.customer_id.apply(get_customer_orders)
```

接着，计算错误部分以获取最好和最差的预测。图 5-13 展示了预测的 DataFrame。

	item_id	customer_id	quantity	prediction	details	item_orders	customer_orders	error
0	85014B	17228	130.0	119.183290	{'was_impossible': False}	459	31	10.816710
1	84406B	16520	156.0	161.858671	{'was_impossible': False}	459	29	5.858671
2	47590B	17365	353.0	352.777318	{'was_impossible': False}	457	32	0.222682
3	85049G	16755	170.0	159.540375	{'was_impossible': False}	450	32	10.459625
4	16156S	14895	367.0	368.129814	{'was_impossible': False}	440	30	1.129814
...	...	...	...	...	...	...	...	...
4539	47590B	15764	180.0	179.777318	{'was_impossible': False}	457	30	0.222682
4540	84970L	16222	137.0	144.853747	{'was_impossible': False}	458	34	7.853747
4541	84596F	16340	153.0	154.254839	{'was_impossible': False}	453	29	1.254839
4542	85099B	17511	745.0	748.576631	{'was_impossible': False}	447	32	3.576631
4543	85049E	16265	194.0	190.137590	{'was_impossible': False}	458	29	3.862410

4544 rows × 8 columns

图 5-13 预测 DataFrame

通过以下代码获取最好的预测：

```
best_predictions = predictions_data.sort_values(by='error')[:10]
best_predictions
```

图 5-14 展示了最好的预测。

	item_id	customer_id	quantity	prediction	details	item_orders	customer_orders	error
334	16156S	17841	5095.0	5095.000000	{'was_impossible': False}	440	32	0.000000
3973	47590B	13230	457.0	456.777318	{'was_impossible': False}	457	29	0.222682
697	47590B	12415	601.0	600.777318	{'was_impossible': False}	457	30	0.222682
2339	47590B	13869	307.0	306.777318	{'was_impossible': False}	457	34	0.222682
1572	47590B	13078	276.0	275.777318	{'was_impossible': False}	457	32	0.222682
1608	47590B	17428	299.0	298.777318	{'was_impossible': False}	457	35	0.222682
1160	47590B	17799	343.0	342.777318	{'was_impossible': False}	457	31	0.222682
574	47590B	17337	543.0	542.777318	{'was_impossible': False}	457	29	0.222682
4000	47590B	14527	694.0	693.777318	{'was_impossible': False}	457	35	0.222682
516	47590B	14701	238.0	237.777318	{'was_impossible': False}	457	31	0.222682

图 5-14　最好的预测

通过以下代码获取最差的预测：

```
worst_predictions = predictions_data.sort_values(by='error')[-10:]
worst_predictions
```

图 5-15 展示了最差的预测。

	item_id	customer_id	quantity	prediction	details	item_orders	customer_orders	error
4003	47599A	14286	141.0	125.720820	{'was_impossible': False}	471	34	15.279180
2939	47599A	15696	122.0	106.720820	{'was_impossible': False}	471	28	15.279180
2933	47599A	16393	214.0	198.720820	{'was_impossible': False}	471	32	15.279180
538	47599A	12662	157.0	141.720820	{'was_impossible': False}	471	32	15.279180
537	47599A	14040	178.0	162.720820	{'was_impossible': False}	471	31	15.279180
2180	47599A	14808	208.0	192.720820	{'was_impossible': False}	471	31	15.279180
1585	47599A	13555	136.0	120.720820	{'was_impossible': False}	471	30	15.279180
3252	47599A	14911	3648.0	3632.720820	{'was_impossible': False}	471	34	15.279180
1651	47599A	13089	1511.0	1495.720820	{'was_impossible': False}	471	31	15.279180
3033	47599A	12949	179.0	163.009478	{'was_impossible': False}	471	31	15.990522

图 5-15　最差的预测

现在可以使用预测数据来获取推荐了。首先，找到购买过的商品和给定客户所购买的商品相同的客户，然后从他们购买的其他商品中，提取出最热门的商品并进行推荐。

我们再次使用客户 12347，并创建这个客户所购买的商品的列表：

```
# 获取客户 12347 的商品列表
item_list = predictions_data[predictions_data['customer_id']==12347]['item_id'].
values.tolist()
item_list
```

输出结果如下：

```
['82494L',
 '84970S',
 '47599A',
 '84997B',
 '85123A',
 '84997C',
 '85049A']
```

获取购买过的商品与客户 12347 相同的客户列表：

```
# 获取也购买了同样商品（item_list）的唯一客户列表
customer_list = predictions_data[predictions_data['item_id'].isin(item_list)]
['customer_id'].values
customer_list = np.unique(customer_list).tolist()
customer_list
```

输出结果如下：

```
[12347,
 12362,
 12370,
 12378,
 ...,
 12415,
 12417,
 12428]
```

现在，从预测数据中过滤出这些客户（customer_list），移除已经购买的商品，并推荐热
门商品（prediction）：

```
# 从预测数据中过滤出那些客户
filtered_data = predictions_data[predictions_data['customer_id'].isin(customer_
list)]
# 移除已经购买的商品
filtered_data = filtered_data[~filtered_data['item_id'].isin(item_list)]
# 获取热门商品（prediction）
recommended_items = filtered_data.sort_values('prediction',ascending=False).reset_
index(drop=True).head(10)['item_id'].values.tolist()
recommended_items
```

输出结果如下：

```
['16156S',
 '85049E',
 '47504K',
 '85099C',
 '85049G',
 '85014B',
 '72351B',
 '84536A',
 '48173C',
 '47590A']
```

这样就得到了为客户 12347 推荐的商品列表。

小结

本章继续讨论基于协同过滤的推荐引擎，人们探讨了矩阵分解、奇异值分解和共聚类等流行方法，重点讲解了如何实现这三种模型。对于给定的数据，共聚类方法的表现最佳，但在构建推荐系统时，需要尝试所有可用的方法，从中了解哪种最适合自己的数据和应用场景。

第 6 章

混合推荐系统

在前几章中，我们实现了基于内容过滤和协同过滤的推荐引擎。每种方法各有其优点和缺点。协同过滤会遇到冷启动（cold-start）的问题，也就是说，当数据中出现新的客户或项目时，就无法进行推荐了。

基于内容的过滤往往会推荐与客户之前购买 / 喜欢的商品相似的商品，这就会导致重复。这种情况下，就没有个性化的效果了。

图 6-1 解释了混合推荐系统。

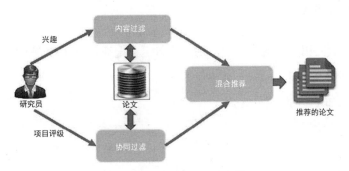

图 6-1　混合推荐系统 [①]

为了解决这些缺点，我们将引入混合推荐系统。混合推荐系统使用混合模型（即，将基于内容的和协同过滤的方法相结合）。这不仅有助于克服单个模型的不足，而且在大多数情况下还能提高效率，提供更好的推荐。

[①] https://www.researchgate.net/profile/Xiangjie-Kong-2/publication/330077673/figure/fig5/AS:710433577107459@1546391972632/A-hybrid-paper-recommendation-system.png。

在本章中，我们将为电商公司实现一个用于推荐产品的混合推荐引擎，并使用 Python 的 LightFM 包进行实现。

详情可参考 LightFM 的文档：https://making.lyst.com/lightfm/docs/home.html。

实现

首先导入所有需要用到的库：

```python
import pandas as pd
import numpy as np
from scipy.sparse import coo_matrix # 用于构造稀疏矩阵
from lightfm import LightFM # 用于模型
from lightfm.evaluation import auc_score
import time
import sklearn
from sklearn import model_selection
```

数据收集

本章使用的是前几章中使用过的自定义电商数据集。它可以在 github.com/apress/applied-recommender-systems-python 找到。

通过以下代码读取数据：

```python
# 订单数据
order_df = pd.read_excel('Rec_sys_data.xlsx','order')
# 客户数据
customer_df = pd.read_excel('Rec_sys_data.xlsx','customer')
# 产品数据
product_df = pd.read_excel('Rec_sys_data.xlsx','product')
order_df.head()
```

图 6-2 显示了订单的 DataFrame。

	InvoiceNo	StockCode	Quantity	InvoiceDate	DeliveryDate	Discount%	ShipMode	ShippingCost	CustomerID
0	536365	84029E	6	2010-12-01 08:26:00	2010-12-02 08:26:00	0.20	ExpressAir	30.12	17850
1	536365	71053	6	2010-12-01 08:26:00	2010-12-02 08:26:00	0.21	ExpressAir	30.12	17850
2	536365	21730	6	2010-12-01 08:26:00	2010-12-03 08:26:00	0.56	Regular Air	15.22	17850
3	536365	84406B	8	2010-12-01 08:26:00	2010-12-03 08:26:00	0.30	Regular Air	15.22	17850
4	536365	22752	2	2010-12-01 08:26:00	2010-12-04 08:26:00	0.57	Delivery Truck	5.81	17850

图 6-2　订单数据

以下代码显示客户的 DataFrame：

`customer_df.head()`

图 6-3 显示了客户的 DataFrame。

	CustomerID	Gender	Age	Income	Zipcode	Customer Segment
0	13089	male	53	High	8625	Small Business
1	15810	female	22	Low	87797	Small Business
2	15556	female	29	High	29257	Corporate
3	13137	male	29	Medium	97818	Middle class
4	16241	male	36	Low	79200	Small Business

图 6-3 客户数据

以下代码显示产品的 DataFrame：

`product_df.head()`

图 6-4 显示了产品的 DataFrame。

	StockCode	Product Name	Description	Category	Brand	Unit Price
0	22629	Ganma Superheroes Ordinary Life Case For Samsu...	New unique design, great gift High quality pla...	Cell Phones|Cellphone Accessories|Cases & Prot...	Ganma	13.99
1	21238	Eye Buy Express Prescription Glasses Mens Wome...	Rounded rectangular cat-eye reading glasses. T...	Health|Home Health Care|Daily Living Aids	Eye Buy Express	19.22
2	22181	MightySkins Skin Decal Wrap Compatible with Ni...	Each Nintendo 2DS kit is printed with super-hi...	Video Games|Video Game Accessories|Accessories...	Mightyskins	14.99
3	84879	Mediven Sheer and Soft 15-20 mmHg Thigh w/ Lac...	The sheerest compression stocking in its class...	Health|Medicine Cabinet|Braces & Supports	Medi	62.38
4	84836	Stupell Industries Chevron Initial Wall D cor	Features: -Made in the USA. -Sawtooth hanger o...	Home Improvement|Paint|Wall Decals|All Wall De...	Stupell Industries	35.99

图 6-4 产品数据

合并数据：

```
# 合并所有三个数据帧
merged_df = pd.merge(order_df,customer_df,left_on=['CustomerID'], right_on=['CustomerID'],
how='left')
merged_df = pd.merge(merged_df,product_df,left_on=['StockCode'], right_on=['StockCode'],
how='left')
merged_df.head()
```

图 6-5 显示了将要使用的合并后的 DataFrame。

InvoiceNo	StockCode	Quantity	InvoiceDate	DeliveryDate	Discount%	ShipMode	ShippingCost	CustomerID	Gender	Age	Income	Zipcode	Customer Segment	Pr
536365	84029E	6	2010-12-01 08:26:00	2010-12-02 08:26:00	0.20	ExpressAir	30.12	17850	female	48	Medium	84306	Middle class	3 1/... 2... Fu Craft Smo
536365	71053	6	2010-12-01 08:26:00	2010-12-02 08:26:00	0.21	ExpressAir	30.12	17850	female	48	Medium	84306	Middle class	Aw Shar Fl a
536365	21730	6	2010-12-01 08:26:00	2010-12-03 08:26:00	0.56	Regular Air	15.22	17850	female	48	Medium	84306	Middle class	Eb Rect Ha S Hir
536365	84406B	8	2010-12-01 08:26:00	2010-12-03 08:26:00	0.30	Regular Air	15.22	17850	female	48	Medium	84306	Middle class	Mighty Skin Com with
536365	22752	2	2010-12-01 08:26:00	2010-12-04 08:26:00	0.57	Delivery Truck	5.81	17850	female	48	Medium	84306	Middle class	aw since birth t

图 6-5　合并后的数据

数据准备

在建立推荐模型之前，必须确保数据格式正确，以便模型能够接收输入。我们需要获取客户到产品（user-to-product）的交互矩阵和产品到特征（product-to-features）的交互映射。

首先，获取唯一客户和唯一产品的列表。编写两个函数来获取这些唯一的列表：

```
def unique_users(data, column):
    return np.sort(data[column].unique())

def unique_items(data, column):
    item_list = data[column].unique()
    return item_list
```

创建唯一列表：

```
user_list = unique_users(order_df, "CustomerID")
item_list = unique_items(product_df, "Product Name")
user_list
```

输出结果如下：

```
array([12346, 12347, 12348, ..., 18282, 18283, 18287], dtype=int64)
```

```
item_list
```

输出结果如下：

```
array(['Ganma Superheroes Ordinary Life Case For Samsung Galaxy Note 5 Hard Case Cover',
'Eye Buy Express Prescription Glasses Mens Womens Burgundy Crystal Clear Yellow Rounded
Rectangular Reading Glasses Anti Glare grade',
...
'Mediven Sheer and Soft 15-20 mmHg Thigh w/ Lace Silicone Top Band CT Wheat II - Ankle 8-8.75
inches',
Union 3" Female Ports Stainless Steel Pipe Fitting',
'Auburn Leathercrafters Tuscany Leather Dog Collar',
'3 1/2"W x 32"D x 36"H Traditional Arts & Crafts Smooth Bracket, Douglas Fir'])
```

接着，创建一个函数，该函数根据给定的三个特征名称从 DataFrame 中获取所有唯一值的总列表。这个函数将为三个特征——Customer Segment，Age 和 Gender——获取全部的唯一值列表：

```
def features_to_add(customer, column1, column2, column3):
    customer1 = customer[column1]
    customer2 = customer[column2]
    customer3 = customer[column3]
    return pd.concat([customer1,customer3,customer2], ignore_index = True).unique()
```

为这些特征调用函数：

```
feature_unique_list = features_to_add(customer_df,'Customer Segment',"Age","Gender")
feature_unique_list
```

输出结果如下：

```
array(['Small Business', 'Corporate', 'Middle class', 'male', 'female',
53, 22, 29, 36, 48, 45, 47, 23, 39, 34, 52, 51, 35, 19, 26, 37, 18,20, 21, 41, 31,
28, 50, 38, 30, 25, 32, 55, 43, 54, 49, 40, 33, 44,46, 42, 27, 24], dtype=object)
```

有了唯一的客户、产品和特征的列表之后，还需要创建 ID 映射，以将 user_id、item_id 和 feature_id 转换为整数索引，因为 LightFM 不能读取除此以外的数据类型。

编写一个函数来实现这个功能：

```
def mapping(user_list, item_list, feature_unique_list):
    # 创建空的输出字典
    user_to_index_mapping = {}
    index_to_user_mapping = {}
    # 创建 id 映射以转换 user_id
    for user_index, user_id in enumerate(user_list):
        user_to_index_mapping[user_id] = user_index
        index_to_user_mapping[user_index] = user_id
    item_to_index_mapping = {}
    index_to_item_mapping = {}
```

```
# 创建 id 映射以转换 item_id
for item_index, item_id in enumerate(item_list):
    item_to_index_mapping[item_id] = item_index
    index_to_item_mapping[item_index] = item_id
feature_to_index_mapping = {}
index_to_feature_mapping = {}
# 创建 id 映射以转换 feature_id
for feature_index, feature_id in enumerate(feature_unique_list):
    feature_to_index_mapping[feature_id] = feature_index
    index_to_feature_mapping[feature_index] = feature_id
return user_to_index_mapping, index_to_user_mapping, \
       item_to_index_mapping, index_to_item_mapping, \
       feature_to_index_mapping, index_to_feature_mapping
```

通过输入 user_list，item_list 和 feature_unique_list 来调用这个函数：

```
user_to_index_mapping, index_to_user_mapping, \
item_to_index_mapping, index_to_item_mapping, \
feature_to_index_mapping, index_to_feature_mapping = mapping(user_list, item_list,
feature_unique_list)
user_to_index_mapping
```

输出结果如下所示：

```
{12346: 0,
 12347: 1,
 12348: 2,
 12350: 3,
 12352: 4,
 ...}
```

现在，获取客户到产品的关系，并计算每个客户的总数量：

```
user_to_product = merged_df[['CustomerID','Product Name','Quantity']]
#计算每个客户 - 产品的总数量（总和）
user_to_product = user_to_product.groupby(['CustomerID','Product Name']).
agg({'Quantity':'sum'}).reset_index()
user_to_product.tail()
```

图 6-6 显示了客户与产品的关系数据。

	CustomerID	Product Name	Quantity
138397	18287	Sport-Tek Ladies PosiCharge Competitor Tee	24
138398	18287	Ultra Sleek And Spacious Pearl White Lacquer 1...	6
138399	18287	Union 3" Female Ports Stainless Steel Pipe Fit...	12
138400	18287	awesome since 1948 - 69th birthday gift t-shir...	4
138401	18287	billyboards Porcelain Menu Chalkboard	6

图 6-6　客户与产品的关系数据

使用同样的办法来获取产品到特征的关系数据：

```
product_to_feature = merged_df[['Product Name','Customer Segment','Quantity']]
#计算产品在每个 customer_segment 中的总数量（总和）
product_to_feature = product_to_feature.groupby(['Product Name','Customer
Segment']).agg({'Quantity':'sum'}).reset_index()
product_to_feature.head()
```

图 6-7 显示了产品到特征的关系数据。

	Product Name	Customer Segment	Quantity
0	"In Vinyl W.e Trust" Rasta Quote Men's T-shirt	Corporate	712
1	"In Vinyl W.e Trust" Rasta Quote Men's T-shirt	Middle class	272
2	"In Vinyl W.e Trust" Rasta Quote Men's T-shirt	Small Business	388
3	"Soccer" Vinyl Graphic - Large - Ivory	Corporate	1940
4	"Soccer" Vinyl Graphic - Large - Ivory	Middle class	1418

图 6-7　产品到特征关系数据

将客户到产品的关系划分为训练和测试数据：

```
user_to_product_train,user_to_product_test = model_selection.train_test_split(user_
to_product,test_size=0.33, random_state=42)
print("Training set size:")
print(user_to_product_train.shape)
print("Test set size:")
print(user_to_product_test.shape)
```

输出结果如下：

```
Training set size:
(92729, 3)
Test set size:
(45673, 3)
```

现在数据和 ID 映射都已经准备就绪了，为了获得客户到产品和产品到特征的交互矩阵，
首先创建一个返回交互矩阵的函数：

```
def interactions(data, row, col, value, row_map, col_map):
    #根据给定的映射转换行
    row = data[row].apply(lambda x: row_map[x]).values
    #根据给定的映射转换列
    col = data[col].apply(lambda x: col_map[x]).values
    value = data[value].values
    #返回交互矩阵
    return coo_matrix((value, (row, col)), shape = (len(row_map), len(col_map)))
```

然后，使用前面的函数为训练和测试数据生成客户到产品的交互矩阵：

```
# 为训练集生成
user_to_product_interaction_train = interactions(user_to_product_train, "CustomerID",
"Product Name", "Quantity", user_to_index_mapping, item_to_index_mapping)
# 为测试集生成
user_to_product_interaction_test = interactions(user_to_product_test, "CustomerID",
"Product Name", "Quantity", user_to_index_mapping, item_to_index_mapping)
print(user_to_product_interaction_train)
```

输出结果如下：

```
(2124, 230) 10
(1060, 268) 16
...
(64, 8) 24
(3406, 109) 1
(3219, 12) 12
```

采用同样的方法生成产品到特征的交互矩阵：

```
product_to_feature_interaction = interactions(product_to_feature, "Product Name",
"Customer Segment","Quantity",item_to_index_mapping, feature_to_index_mapping)
```

模型构建

数据的格式已经是正确的了，所以是时候开始建模了。本章将使用 LightFM 模型，它可以把客户和项目元数据结合起来，形成强大的混合推荐模型。

让我们多试几个模型，然后选择性能最好的那一个。这些模型有不同的超参数，所以这是建模的超参数调优（hyperparameter tuning）阶段的一部分。

模型中使用的损失函数是要调整的参数之一。三个值分别是 warp，logistic 和 bpr。

下面开始建模。

第 1 次尝试：损失函数 = warp，epoch 数量 = 1，num_threads = 4：

```
# 初始化模型，损失函数为 warp
model_with_features = LightFM(loss = "warp")
start = time.time()
#====================
# 使用混合协同过滤 + 基于内容的方法（产品 + 特征）拟合模型
model_with_features.fit_partial(user_to_product_interaction_train,
user_features=None,
```

```
item_features=product_to_feature_interaction,
sample_weight=None,
epochs=1,
num_threads=4,
verbose=False)
#===================
end = time.time()
print("time taken = {0:.{1}f} seconds".format(end - start, 2))
```

输出结果如下：

```
time taken = 0.11 seconds
```

对验证集计算曲线下面积（area under the curve，AUC）得分：

```
start = time.time()
#===================
# 使用内置函数获得 AUC 分数
auc_with_features = auc_score(model = model_with_features,
test_interactions = user_to_product_interaction_test,
train_interactions = user_to_product_interaction_train,
item_features = product_to_feature_interaction,
num_threads = 4, check_intersections=False)
#===================
end = time.time()
print("time taken = {0:.{1}f} seconds".format(end - start, 2))
print("average AUC without adding item-feature interaction = {0:.{1}f}".format(auc_
with_features.mean(), 2))
```

输出结果如下：

```
time taken = 0.24 seconds
average AUC without adding item-feature interaction = 0.17
```

第 2 次尝试：损失函数 = logistic，epoch 数量 = 1，num_threads = 4：

```
# 用 logistic 损失函数初始化模型
model_with_features = LightFM(loss = "logistic")
start = time.time()
#===================
# 使用混合协同过滤 + 基于内容的方式（产品 + 特征）来拟合模型
model_with_features.fit_partial(user_to_product_interaction_train,
user_features=None,
item_features=product_to_feature_interaction,
sample_weight=None,
epochs=1,
num_threads=4,
verbose=False)
```

```
#===================
end = time.time()
print("time taken = {0:.{1}f} seconds".format(end - start, 2))
```

输出结果如下：

```
time taken = 0.11 seconds
```

计算前述模型的 AUC 得分：

```
start = time.time()
#===================
# 使用内置函数获得 AUC 分数
auc_with_features = auc_score(model = model_with_features,
test_interactions = user_to_product_interaction_test,
train_interactions = user_to_product_interaction_train,
item_features = product_to_feature_interaction,
num_threads = 4, check_intersections=False)
#===================
end = time.time()
print("time taken = {0:.{1}f} seconds".format(end - start, 2))
print("average AUC without adding item-feature interaction = {0:.{1}f}".format(auc_
with_features.mean(), 2))
```

输出结果如下：

```
time taken = 0.22 seconds
average AUC without adding item-feature interaction = 0.89
```

第 3 次尝试：损失函数 = bpr，epoch 数量 = 1，num_threads = 4：

```
# 用 bpr 损失函数初始化模型
model_with_features = LightFM(loss = "bpr")
start = time.time()
#===================
# 使用混合协同过滤 + 基于内容的方式（产品 + 特征）来拟合模型
model_with_features.fit_partial(user_to_product_interaction_train,
user_features=None,
item_features=product_to_feature_interaction,
sample_weight=None,
epochs=1,
num_threads=4,
verbose=False)
#===================
end = time.time()
print("time taken = {0:.{1}f} seconds".format(end - start, 2))
```

输出结果如下：

```
time taken = 0.12 seconds
```

计算前述模型的 AUC 得分：

```
start = time.time()
#===================
# 使用内置函数获得 AUC 分数
auc_with_features = auc_score(model = model_with_features,
test_interactions = user_to_product_interaction_test,
train_interactions = user_to_product_interaction_train,
item_features = product_to_feature_interaction,
num_threads = 4, check_intersections=False)
#===================
end = time.time()
print("time taken = {0:.{1}f} seconds".format(end - start, 2))
print("average AUC without adding item-feature interaction = {0:.{1}f}".format(auc_
with_features.mean(), 2))
```

输出结果如下：

```
time taken = 0.22 seconds
average AUC without adding item-feature interaction = 0.38
```

第 4 次尝试：损失函数 = logistic，epoch 数量 = 10，num_threads = 20。

```
model_with_features = LightFM(loss = "logistic")
start = time.time()
#===================
# 使用混合协同过滤 + 基于内容的方式（产品 + 特征）来拟合模型
model_with_features.fit_partial(user_to_product_interaction_train,
user_features=None,
item_features=product_to_feature_interaction,
sample_weight=None,
epochs=10,
num_threads=20,
verbose=False)
#===================
end = time.time()
print("time taken = {0:.{1}f} seconds".format(end - start, 2))
```

输出结果如下：

```
time taken = 0.77 seconds
```

计算前述模型的 AUC 得分：

```
start = time.time()
```

```
#===================
# 使用内置函数获得 AUC 分数
auc_with_features = auc_score(model = model_with_features,
test_interactions = user_to_product_interaction_test,
train_interactions = user_to_product_interaction_train,
item_features = product_to_feature_interaction,
num_threads = 4, check_intersections=False)
#===================
end = time.time()
print("time taken = {0:.{1}f} seconds".format(end - start, 2))
print("average AUC without adding item-feature interaction = {0:.{1}f}".format(auc_
with_features.mean(), 2))
```

输出结果如下所示：

```
time taken = 0.25 seconds
average AUC without adding item-feature interaction = 0.89
```

最后一个模型（logistic）的整体表现最好（AUC 得分最高）。让我们合并训练集和测试集，然后使用从 AUC 为 0.89 的 logistic 模型中得到的参数进行最终训练。

通过以下函数来合并训练集和测试集：

```
def train_test_merge(training_data, testing_data):
    # 初始化训练字典
    train_dict = {}
    for row, col, data in zip(training_data.row, training_data.col, training_data.data):
        train_dict[(row, col)] = data
    # 用测试集替换
    for row, col, data in zip(testing_data.row, testing_data.col, testing_data.data):
        train_dict[(row, col)] = max(data, train_dict.get((row, col), 0))
    # 转换为行
    row_list = []
    col_list = []
    data_list = []
    for row, col in train_dict:
        row_list.append(row)
        col_list.append(col)
        data_list.append(train_dict[(row, col)])
    # 转换为 np 数组
    row_list = np.array(row_list)
    col_list = np.array(col_list)
    data_list = np.array(data_list)
    # 返回矩阵输出
      return coo_matrix((data_list, (row_list, col_list)), shape = (training_data.
shape[0], training_data.shape[1]))
```

调用上述函数以获取最终（完整）数据，以构建最终模型：

```
user_to_product_interaction = train_test_merge(user_to_product_interaction_train,
user_to_product_interaction_test)
```

合并训练集和测试集后的最终模型

使用损失函数 = logistic，epoch 数量 = 10 和 num_threads = 20 来构建 LightFM 模型：

```
# 重新训练最终模型，使用合并的数据集
final_model = LightFM(loss = "warp",no_components=30)
# 拟合到合并的数据集
start = time.time()
#===================
# 拟合最终模型
final_model.fit(user_to_product_interaction,
user_features=None,
item_features=product_to_feature_interaction,
sample_weight=None,
epochs=10,
num_threads=20,
verbose=False)
#===================
end = time.time()
print("time taken = {0:.{1}f} seconds".format(end - start, 2))
```

输出结果如下：

```
time taken = 3.46 seconds
```

获取推荐

现在，混合推荐模型已经准备就绪，我们用它来为给定客户获取推荐。

编写一个函数，该函数接收客户 ID 作为输入，用于获取对应的推荐：

```
def get_recommendations(model,user,items,user_to_product_interaction_matrix,user2index_
map,product_to_feature_interaction_matrix):
    # 获取客户索引
    userindex = user2index_map.get(user, None)
    if userindex == None:
        return None
```

```
users = userindex
# 获取已购买的商品
known_positives = items[user_to_product_interaction_matrix.tocsr()[userindex].
indices]
print('User index =',users)
# 模型预测的分数
scores = model.predict(user_ids = users, item_ids = np.arange(user_to_product_
interaction_matrix.shape[1]),item_features=product_to_feature_interaction_matrix)
# 获取分数排名靠前商品
top_items = items[np.argsort(-scores)]
# 输出结果
print("User %s" % user)
print(" Known positives:")
for x in known_positives[:10]:
    print(" %s" % x)
print(" Recommended:")
for x in top_items[:10]:
    print(" %s" % x)
```

该函数计算客户对所有商品的预测分数（即购买的可能性），并推荐得分最高的 10 个商品。为了验证推荐的准确性，我们会打印出客户已经购买的商品。

对随机客户（CustomerID 17017）调用如下函数以获取推荐：

```
get_recommendations(final_model,17017,item_list,user_to_product_interaction,user_to_
index_mapping,product_to_feature_interaction)
```

输出结果如下：

```
User index = 2888
User 17017


Known positives:
Ganma Superheroes Ordinary Life Case For Samsung Galaxy Note 5 Hard Case Cover
MightySkins Skin Decal Wrap Compatible with Nintendo Sticker Protective Cover 100's of
Color Options
Mediven Sheer and Soft 15-20 mmHg Thigh w/ Lace Silicone Top Band CT Wheat II - Ankle
8-8.75 inches
MightySkins Skin Decal Wrap Compatible with OtterBox Sticker Protective Cover 100's of
Color Options
MightySkins Skin Decal Wrap Compatible with DJI Sticker Protective Cover 100's of
Color Options
MightySkins Skin Decal Wrap Compatible with Lenovo Sticker Protective Cover 100's of
Color Options
Ebe Reading Glasses Mens Womens Tortoise Bold Rectangular Full Frame Anti Glare grade
ckbdp9088
```

Window Tint Film Chevy (back doors) DIY
Union 3" Female Ports Stainless Steel Pipe Fitting
Ebe Women Reading Glasses Reader Cheaters Anti Reflective Lenses TR90 ry2209

Recommended:
Mediven Sheer and Soft 15-20 mmHg Thigh w/ Lace Silicone Top Band CT Wheat II - Ankle
8-8.75 inches
MightySkins Skin Decal Wrap Compatible with Apple Sticker Protective Cover 100's of
Color Options
MightySkins Skin Decal Wrap Compatible with DJI Sticker Protective Cover 100's of
Color Options
3 1/2"W x 20"D x 20"H Funston Craftsman Smooth Bracket, Douglas Fir
MightySkins Skin Decal Wrap Compatible with HP Sticker Protective Cover 100's of Color Options
Owlpack Clear Poly Bags with Open End, 1.5 Mil, Perfect for Products, Merchandise,
Goody Bags, Party Favors (4x4 inches)
Ebe Women Reading Glasses Reader Cheaters Anti Reflective Lenses TR90 ry2209
Handcrafted Ercolano Music Box Featuring "Luncheon of the Boating Party" by Renoir, Pierre
Auguste - New YorkNew York
A6 Invitation Envelopes w/Peel & Press (4 3/4 x 6 1/2) - Baby Blue (1000 Qty.)
MightySkins Skin Decal Wrap Compatible with Lenovo Sticker Protective Cover 100's
of Color Options

许多推荐都与已知正例对应。这提供了进一步的验证。现在，这个混合推荐引擎可以为所有其他客户提供推荐了。

小结

本章讨论了混合推荐引擎及其如何弥补其他类引擎存在的不足。本章还举例说明了如何利用 LightFM 库实现混合推荐引擎。

先进的机器学习算法

第 7 章

基于聚类的推荐系统

基于无监督机器学习算法的推荐系统非常受欢迎，因为它们克服了协同过滤、混合和基于分类的系统所面临的许多挑战。聚类技术被用于根据每个细分 / 聚类（segment/cluster）中采集的模式和行为来推荐产品 / 项目。当数据有限，且没有已标记数据可用时，这种技术非常有用。

无监督学习是一种机器学习类别，它不使用已标记数据，但仍然可以通过现有的数据来发现推论。让我们在不使用因变量的情况下找出模式并解决业务问题。图 7-1 显示了聚类的结果。

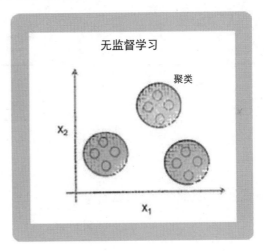

图 7-1　聚类

将相似的东西细分为组，称为"聚类"。它们不是数据点，而是一组观察结果。它们具有以下特性：

- 在同一组中，观察结果彼此相似；
- 在不同的组中，观察结果彼此不同。

主要有两个重要算法在行业中得到了广泛使用。在开始研究项目之前，先简单了解这两个算法的工作原理。

基于相似客户的推荐构建模型的基本步骤如下。

1. 数据收集。
2. 数据预处理。
3. 探索性数据分析。
4. 建立模型。
5. 推荐。

图 7-2 显示了构建基于聚类的模型的步骤。

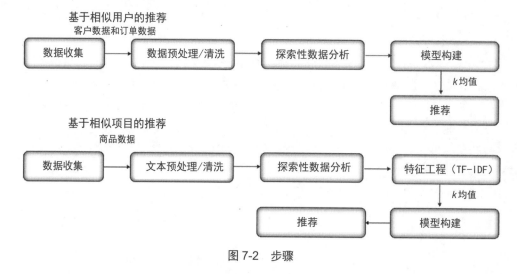

图 7-2　步骤

实现如下。

安装并导入需要用到的库：

```
# 导入库
import pandas as pd
import numpy as np
from matplotlib import pyplot as plt
from scipy.cluster.hierarchy import dendrogram
from sklearn.cluster import AgglomerativeClustering
from sklearn.cluster import KMeans
import seaborn as sns
import os
from sklearn import preprocessing
```

数据收集和下载所需的词嵌入

使用一个电商数据集作为例子。从本书的 GitHub 链接中下载该数据集。

将数据导入为 DataFrame（pandas）

导入记录、客户和产品数据：

```
# 读取 Record 数据集
df_order = pd.read_excel("Rec_sys_data.xlsx")
# 读取 Customer 数据集
df_customer = pd.read_excel("Rec_sys_data.xlsx", sheet_name = 'customer')
# 读取 product 数据集
df_product = pd.read_excel("Rec_sys_data.xlsx", sheet_name = 'product')
```

打印 DataFrame 的前 5 行：

```
#查看前 5 行
print(df_order.head())
print(df_customer.head())
print(df_product.head())
```

图 7-3 显示了记录数据的前 5 行输出。

	InvoiceNo	StockCode	Quantity	InvoiceDate	DeliveryDate	Discount%	ShipMode	ShippingCost	CustomerID
0	536365	84029E	6	2010-12-01 08:26:00	2010-12-02 08:26:00	0.20	ExpressAir	30.12	17850
1	536365	71053	6	2010-12-01 08:26:00	2010-12-02 08:26:00	0.21	ExpressAir	30.12	17850
2	536365	21730	6	2010-12-01 08:26:00	2010-12-03 08:26:00	0.56	Regular Air	15.22	17850
3	536365	84406B	8	2010-12-01 08:26:00	2010-12-03 08:26:00	0.30	Regular Air	15.22	17850
4	536365	22752	2	2010-12-01 08:26:00	2010-12-04 08:26:00	0.57	Delivery Truck	5.81	17850

图 7-3　输出结果

图 7-4 显示了客户数据的前五行输出。

	CustomerID	Gender	Age	Income	Zipcode	Customer Segment
0	13089	male	53	High	8625	Small Business
1	15810	female	22	Low	87797	Small Business
2	15556	female	29	High	29257	Corporate
3	13137	male	29	Medium	97818	Middle class
4	16241	male	36	Low	79200	Small Business

图 7-4　输出结果

图 7-5 显示了产品数据的输出的前 5 行。

	StockCode	Product Name	Description	Category	Brand	Unit Price
0	22629	Ganma Superheroes Ordinary Life Case For Samsu...	New unique design, great gift High quality pla...	Cell Phones|Cellphone Accessories|Cases & Prot...	Ganma	13.99
1	21238	Eye Buy Express Prescription Glasses Mens Wome...	Rounded rectangular cat-eye reading glasses. T...	Health|Home Health Care|Daily Living Aids	Eye Buy Express	19.22
2	22181	MightySkins Skin Decal Wrap Compatible with Ni...	Each Nintendo 2DS kit is printed with super-hi...	Video Games|Video Game Accessories|Accessories...	Mightyskins	14.99
3	84879	Mediven Sheer and Soft 15-20 mmHg Thigh w/ Lac...	The sheerest compression stocking in its class...	Health|Medicine Cabinet|Braces & Supports	Medi	62.38
4	84836	Stupell Industries Chevron Initial Wall Dcor	Features: -Made in the USA - Sawtooth hanger o...	Home Improvement|Paint|Wall Decals|All Wall De...	Stupell Industries	35.99

图 7-5 输出结果

预处理数据

在构建任何模型之前，首要步骤都是清洗和预处理数据。

分析、清洗并合并这三个数据集，这样合并后的 DataFrame 就可以用来构建机器学习模型。

1. 深入分析所有的客户数据，找出客户之间的相似性，并据此推荐产品。

2. 编写一个函数并检查客户数据中的缺失值：

```
# 检查缺失值的函数
def missing_zero_values_table(df):
    zero_val = (df == 0.00).astype(int).sum(axis=0)
    mis_val = df.isnull().sum()
    mis_val_percent = 100 * df.isnull().sum() / len(df)
    mz_table = pd.concat([zero_val, mis_val, mis_val_percent], axis=1)
    mz_table = mz_table.rename(
    columns = {0 : 'Zero Values', 1 : 'Missing Values', 2 : '% of Total Values'})
    mz_table['Total Zero Missing Values'] = mz_table['Zero Values'] + mz_table['Missing Values']
    mz_table['% Total Zero Missing Values'] = 100 * mz_table['Total Zero Missing
    Values'] / len(df)
    mz_table['Data Type'] = df.dtypes
    mz_table = mz_table[
    mz_table.iloc[:,1] != 0].sort_values(
    '% of Total Values', ascending=False).round(1)
    print ("Your selected dataframe has " + str(df.shape[1]) + " columns and " + str
    (df.shape[0]) + " Rows.\n"
    "There are " + str(mz_table.shape[0]) +
    " columns that have missing values.")
    mz_table.to_excel('D:/sampledata/missing_and_zero_values.xlsx', freeze_panes=
    (1,0), index = False)
    return mz_table
# 现在调用函数
missing_zero_values_table(df_customer)
```

图 7-6 显示了缺失值的输出。

```
Your selected dataframe has 6 columns and 4372 Rows.
There are 0 columns that have missing values.
```

Zero Values　Missing Values　% of Total Values　Total Zero Missing Values　% Total Zero Missing Values　Data Type

图 7-6　输出结果

探索性数据分析

使用 sklearn 中定义的 Matplotlib 包来探索数据，以进行可视化。

首先看一下年龄分布：

```
# 年龄类别的数据
plt.figure(figsize=(10,6))
plt.title("Ages Frequency")
sns.axes_style("dark")
sns.violinplot(y=df_customer["Age"])
plt.show()
```

图 7-7 显示了年龄分布的输出。

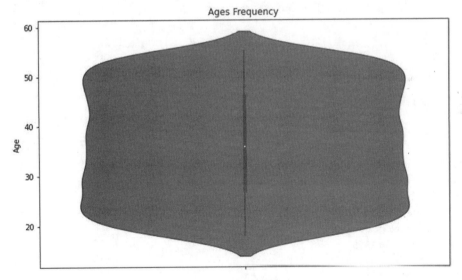

图 7-7　输出结果

接下来看性别分布：

```
# 性别类别的数据
genders = df_customer.Gender.value_counts()
sns.set_style("darkgrid")
plt.figure(figsize=(10,4))
sns.barplot(x=genders.index, y=genders.values)
plt.show()
```

图 7-8 显示了性别统计的输出。

这个图表的关键洞察是，数据在性别上并没有偏见。

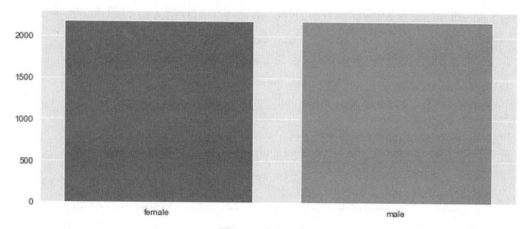

图 7-8　输出结果

为 age 列创建存储桶（bucket），并使用它们和客户数据来绘制图表：

```
# 针对客户数据的年龄段
age18_25 = df_customer.Age[(df_customer.Age <= 25) & (df_customer.Age >= 18)]
age26_35 = df_customer.Age[(df_customer.Age <= 35) & (df_customer.Age >= 26)]
age36_45 = df_customer.Age[(df_customer.Age <= 45) & (df_customer.Age >= 36)]
age46_55 = df_customer.Age[(df_customer.Age <= 55) & (df_customer.Age >= 46)]
age55above = df_customer.Age[df_customer.Age >= 56]
x = ["18-25","26-35","36-45","46-55","55+"]
y = [len(age18_25.values),len(age26_35.values),len(age36_45.values),len(age46_55.
values),len(age55above.values)]
plt.figure(figsize=(15,6))
sns.barplot(x=x, y=y, palette="rocket")
plt.title("Number of Customer and Ages")
plt.xlabel("Age")
plt.ylabel("Number of Customer")
plt.show()
```

图 7-9 显示了客户数据与 age 列存储桶之间的关系。

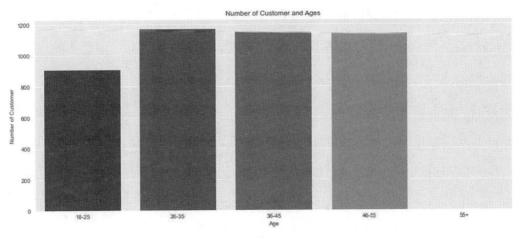

图 7-9　输出结果

这个分析显示，18 岁到 25 岁的客户较少。

标签编码

对所有类别变量进行编码：

```
# label_encoder 对象知道如何解析文字标签。
gender_encoder = preprocessing.LabelEncoder()
segment_encoder = preprocessing.LabelEncoder()
income_encoder = preprocessing.LabelEncoder()

# 编码列中的标签
df_customer['age'] = df_customer.Age
df_customer['gender']= gender_encoder.fit_transform(df_customer['Gender'])
df_customer['customer_segment']= segment_encoder.fit_transform(df_customer['Customer Segment'])
df_customer['income_segment']= income_encoder.fit_transform(df_customer['Income'])
print("gender_encoder",df_customer['gender'].unique())
print("segment_encoder",df_customer['customer_segment'].unique())
print("income_encoder",df_customer['income_segment'].unique())
```

输出结果如下所示：

```
gender_encoder [1 0]
segment_encoder [2 0 1]
income_encoder [0 1 2]
```

看一下对值进行编码后的 DataFrame：

```
df_customer.iloc[:,6:]
```

图 7-10 显示了编码值后的 DataFrame 的输出。

	age	gender	customer_segment	income_segment
0	53	1	2	0
1	22	0	2	1
2	29	0	0	0
3	29	1	1	2
4	36	1	2	1
...	...	...	...	...
4367	22	0	0	0
4368	23	1	1	0
4369	40	1	1	2
4370	37	1	1	2
4371	19	0	1	2

4372 rows × 4 columns

图 7-10   输出结果

模型构建

在这个阶段，我们会利用 k 均值聚类法来构建聚类。为了确定最优的聚类数量，我们还可以考虑使用肘部方法（elbow method）或者树状图方法。

k 均值聚类

k 均值聚类是一种高效且得到广泛使用的技术，它基于点与点之间的距离将数据分组。其目标是尽可能减小集群内的总方差，如图 7-11 所示。

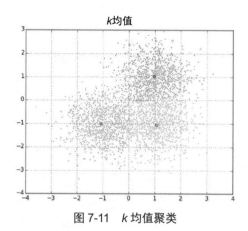

图 7-11 k 均值聚类

以下是生成聚类的步骤。

1. 使用肘部方法来确定最优的聚类数量，这个数量被记为 k。
2. 从所有观察值或数据点中随机选取 k 个点作为聚类中心。
3. 计算这些聚类中心与数据中的其他点之间的距离，然后使用任意一个距离度量方式（如下所示），将每个数据点指派给距离它最近的聚类中心所在的聚类：

   - 欧几里得距离；
   - 曼哈顿距离；
   - 余弦距离；
   - 汉明距离，

4. 重新计算每个聚类的中心点或质心。

重复步骤 2 ～步骤 4，直到每个聚类分配的数据点不再改变，且聚类质心稳定。

肘部方法

肘部方法用于检查聚类的一致性，找出数据中理想的聚类数量。可解释方差（explained variance）考虑了可解释的方差的百分比，并据此推导出理想的聚类数量。假设将可解释偏差的百分比与聚类数量进行比较，第一个聚类添加了大量信息，但在某一点上，可解释方差开始减少，在图标上形成了一个角度，看起来就像人的"肘部"。此时，我们将肘部的位置用作理想的聚类数量。

肘部方法在数据集上对一系列 k 值（例如，从 1 到 10）进行 k 均值聚类，然后对于每一个 k 值，计算所有聚类的平均分数。

层次聚类

层次聚类（hierarchical clustering）是另一种使用距离来创建分组的聚类技术。生成聚类的步骤如下。

1. 在层次聚类中，首先需要将每个观察值或数据点都创建为一个单独的聚类。
2. 它会根据之前讨论过的距离度量方式，找出距离最近的两个观察值或数据点。
3. 将这两个最相似的点结合起来，形成一个聚类。
4. 这个过程会持续进行，直到所有聚类都合并为一个最终的单一聚类。
5. 最后，使用树状图来确定理想的聚类数量。

树状图被分割，以确定聚类的数量。树的分割发生在一个层级到另一个层级之间的高度最大的地方，如图 7-12 所示。

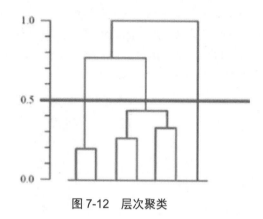

图 7-12   层次聚类

通常，两个聚类之间的距离是基于欧几里得距离计算的。但也可以利用许多其他的距离度量方式来完成这个任务。

为这个应用场景构建一个 k 均值模型。在构建模型之前，先执行肘部方法和树状图法，找出最佳聚类数量。

通过以下代码来实现肘部方法：

```
# 肘部方法
wcss = []
for k in range(1,15):
    kmeans = KMeans(n_clusters=k, init="k-means++")
    kmeans.fit(df_customer.iloc[:,6:])
    wcss.append(kmeans.inertia_)
plt.figure(figsize=(12,6))
plt.grid()
plt.plot(range(1,15),wcss, linewidth=2, color="red", marker ="8")
plt.xlabel("K Value")
plt.xticks(np.arange(1,15,1))
plt.ylabel("WCSS")
plt.show()
print("income_encoder",df_customer['income_segment'].unique())
```

图 7-13 展示了肘部方法的输出。

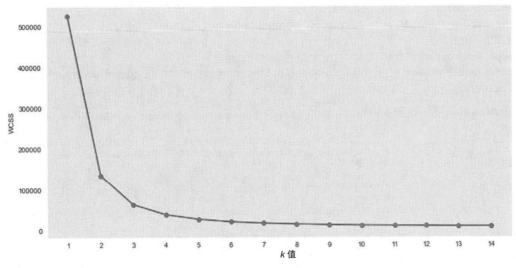

图 7-13　输出结果

通过以下代码来实现树状图方法：

```
# 绘制树状图的函数
def plot_dendrogram(model, **kwargs):
    # 创建链接矩阵并绘制树状图
    # 创建每个节点下的样本数
    counts = np.zeros(model.children_.shape[0])
    n_samples = len(model.labels_)
    for i, merge in enumerate(model.children_):
        current_count = 0
        for child_idx in merge:
            if child_idx < n_samples:
                current_count += 1 # 叶子节点
            else:
                current_count += counts[child_idx - n_samples]
        counts[i] = current_count
    linkage_matrix = np.column_stack(
    [model.children_, model.distances_, counts]
    ).astype(float)
    # 绘制对应的树状图
    dendrogram(linkage_matrix, **kwargs)

# 设定 distance_threshold=0 保证我们计算出完整的树
model = AgglomerativeClustering(distance_threshold=0, n_clusters=None)
```

```
model = model.fit(df_customer.iloc[:,6:])
plt.title("Hierarchical Clustering Dendrogram")
# 绘制树状图的前三级
plot_dendrogram(model, truncate_mode="level", p=3)
plt.xlabel("Number of points in node (or index of point if no parenthesis).")
plt.show()
```

图 7-14 展示了树状图的输出。

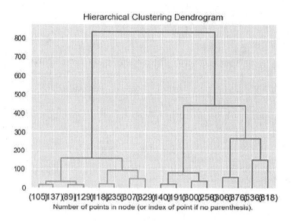

图 7-14   输出结果

两种方法确定的最优或者最小的聚类数量都是 2。但在本例中，我们将使用 15 个聚类。

注意

　　可以使用任何数量的聚类来实施，但它应该大于 k 均值聚类或者树状图确定的最优或最小的聚类数量。

构建一个使用 15 个聚类的 *k* 均值算法：

```
# k 均值
# 执行 kmeans
km = KMeans(n_clusters=15)
clusters = km.fit_predict(df_customer.iloc[:,6:])
# 把预测保存回原始数据集
df_customer['cluster'] = clusters
df_customer
```

图 7-15 展示了创建聚类后的 df_cluster 的输出。

	CustomerID	Gender	Age	Income	Zipcode	Customer Segment	age	gender	customer_segment	income_segment	cluster
0	13089	male	53	High	8625	Small Business	53	1	2	0	3
1	15810	female	22	Low	87797	Small Business	22	0	2	1	11
2	15556	female	29	High	29257	Corporate	29	0	0	0	5
3	13137	male	29	Medium	97818	Middle class	29	1	1	2	5
4	16241	male	36	Low	79200	Small Business	36	1	2	1	14
...	...	...	...	...	...	...	...	...	...	...	...
4367	17763	female	22	High	57980	Corporate	22	0	0	0	11
4368	16078	male	23	High	38622	Middle class	23	1	1	0	11
4369	13270	male	40	Medium	57985	Middle class	40	1	1	2	6
4370	15562	male	37	Medium	91274	Middle class	37	1	1	2	14
4371	13302	female	19	Medium	79580	Middle class	19	0	1	2	4

4372 rows × 11 columns

图 7-15　输出结果

从数据集中选择需要用到的列:

```
df_customer = df_customer[['CustomerID', 'Gender', 'Age', 'Income', 'Zipcode',
'Customer Segment', 'cluster']]
df_customer
```

图 7-16 展示了选择特定列后的 df_cluster 的输出。

	CustomerID	Gender	Age	Income	Zipcode	Customer Segment	cluster
0	13089	male	53	High	8625	Small Business	3
1	15810	female	22	Low	87797	Small Business	11
2	15556	female	29	High	29257	Corporate	5
3	13137	male	29	Medium	97818	Middle class	5
4	16241	male	36	Low	79200	Small Business	14
...	...	...	...	...	...	...	...
4367	17763	female	22	High	57980	Corporate	11
4368	16078	male	23	High	38622	Middle class	11
4369	13270	male	40	Medium	57985	Middle class	6
4370	15562	male	37	Medium	91274	Middle class	14
4371	13302	female	19	Medium	79580	Middle class	4

4372 rows × 7 columns

图 7-16　输出结果

接着,在聚类的级别上进行分析。编写一个函数,绘制聚类与给定列之间的图表:

```
def plotting_percentages(df, col, target):
    x, y = col, target
    # 带有百分比值的临时 DataFrame
```

```
temp_df = df.groupby(x)[y].value_counts(normalize=True)
temp_df = temp_df.mul(100).rename('percent').reset_index()
# 为列中的值进行排序，以绘制图表
order_list = list(df[col].unique())
order_list.sort()
# 绘制图表
sns.set(font_scale=1.5)
 g = sns.catplot(x=x, y='percent', hue=y,kind='bar', data=temp_df, height=8, aspect=2,
order=order_list, legend_out=False)
    g.ax.set_ylim(0,100)
    # 循环遍历图表中的每个条形，并添加百分比值
    for p in g.ax.patches:
        txt = str(p.get_height().round(1)) + '%'
        txt_x = p.get_x()
        txt_y = p.get_height()
        g.ax.text(txt_x,txt_y,txt)
    # 设置标签和标题
    plt.title(f'{col.title()} By Percent {target.title()}', fontdict={'fontsize': 30})
    plt.xlabel(f'{col.title()}', fontdict={'fontsize': 20})
    plt.ylabel(f'{target.title()} Percentage', fontdict={'fontsize': 20})
    plt.xticks(rotation=75)
    return g
```

绘制关于客户细分的图表：

```
plotting_percentages(df_customer, 'cluster', 'Customer Segment')
```

图 7-17 展示了聚类和客户细分的关系。

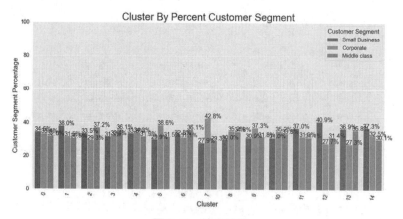

图 7-17　输出结果

绘制关于收入的图表：

```
plotting_percentages(df_customer, 'cluster', 'Income')
```

图 7-18 展示了聚类与收入之间的关系。

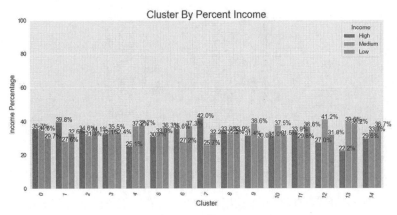

图 7-18 输出结果

绘制关于性别的图表：

```
plotting_percentages(df_customer, 'cluster', 'Gender')
```

图 7-19 展示了聚类与性别的关系。

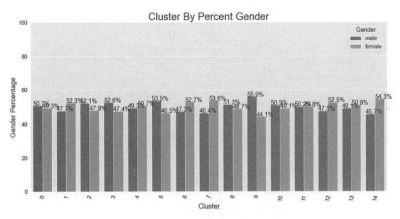

图 7-19 输出结果

接下来绘制一个显示每个聚类的平均年龄的图表：

```
df_customer.groupby('cluster').Age.mean().plot(kind='bar')
```

图 7-20 展示了每个聚类的平均年龄的关系。

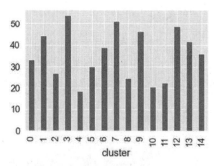

图 7-20   输出结果

到目前为止，客户数据上的所有数据预处理、探索性数据分析和模型构建步骤都已经完成。

接下来，我们需要将客户数据与订单数据合并起来，获取每条记录的产品 ID：

```
order_cluster_mapping = pd.merge(df_order, df_customer, on='CustomerID', how='inner')
[['StockCode', 'CustomerID', 'cluster']]
order_cluster_mapping
```

图 7-21 展示了将客户数据与订单数据合并后的输出结果。

	StockCode	CustomerID	cluster
0	84029E	17850	12
1	71053	17850	12
2	21730	17850	12
3	84406B	17850	12
4	22752	17850	12
...	...	...	...
272399	21818	17666	13
272400	21817	17666	13
272401	23329	17666	13
272402	71459	17666	13
272403	84949	17666	13

272404 rows × 3 columns

图 7-21   输出结果

现在，我们使用 groupby 方法对 cluster 和 StockCode 进行分组并计数，以此来创建名为 score_df 的 DataFrame：

```
score_df = order_cluster_mapping.groupby(['cluster','StockCode']).count().reset_index()
score_df = score_df.rename(columns={'CustomerID':'Score'})
score_df
```

图 7-22 展示了创建 score_df 后的输出。

	cluster	StockCode	Score
0	0	10002	5
1	0	10125	3
2	0	10133	12
3	0	10135	10
4	0	11001	2
...	...	...	...
37027	14	90209C	1
37028	14	90210B	1
37029	14	M	6
37030	14	PADS	2
37031	14	POST	58

37032 rows × 3 columns

图 7-22　输出结果

现在，score_df 数据已经准备好向客户推荐新的产品了。同一聚类中的其他客户购买过这些推荐的产品，这是根据相似客户所做的推荐。

接下来，专注于产品数据，以便基于产品相似性进行推荐。使用预处理函数来检查客户分析数据中的缺失值：

```
missing_zero_values_table(df_product)
```

图 7-23 展示了缺失值的输出。

	Zero Values	Missing Values	% of Total Values	Total Zero Missing Values	% Total Zero Missing Values	Data Type
StockCode	0	25954	86.8	25954	86.8	object
Product Name	0	25954	86.8	25954	86.8	object
Description	0	25954	86.8	25954	86.8	object
Brand	0	1129	3.8	1129	3.8	object
Category	0	792	2.6	792	2.6	object
Unit Price	0	118	0.4	118	0.4	float64

图 7-23　输出结果

可以看出，产品数据中存在一些不一致性。清理一下，然后再次检查：

```
df_product = df_product.dropna()
missing_zero_values_table(df_product)
```

图 7-24 展示了移除缺失值后的输出。

```
Your selected dataframe has 6 columns and 3706 Rows.
There are 0 columns that have missing values.
```

Zero Values	Missing Values	% of Total Values	Total Zero Missing Values	% Total Zero Missing Values	Data Type

图 7-24　输出结果

顺便对 Description 列进行一下预处理。Description 列包含文本，因此需要进行预处理并将文本转换为特征：

```
# 预处理步骤：删除 we'll, you'll, they'll 这样的词
df_product['Description'] = df_product['Description'].replace({"'ll": " "},
regex=True)
df_product['Description'] = df_product['Description'].replace({"-": " "},
regex=True)
df_product['Description'] = df_product['Description'].replace({"[^A-Za-z0-9 ]+":
""}, regex=True)
# 将文本转换为特征
# 从合并的 DataFrame 中创建词向量
# 确保导入必要的库
from sklearn.cluster import KMeans
from sklearn import metrics
from sklearn.feature_extraction.text import TfidfVectorizer
# 将文本转换为特征
vectorizer = TfidfVectorizer(stop_words='english')
X = vectorizer.fit_transform(df_product['Description'])
```

我们已经完成了文本预处理和文本转特征，现在，构建一个使用 15 个聚类的 k 均值模型：

```
# 根据文本对产品进行聚类
km_des = KMeans(n_clusters=15,init='k-means++')
clusters = km_des.fit_predict(X)
df_product['cluster'] = clusters
df_product
```

图 7-25 展示了为产品数据创建聚类后的输出。

	StockCode	Product Name	Description	Category	Brand	Unit Price	cluster
0	22629	Ganma Superheroes Ordinary Life Case For Samsu...	New unique design great giftHigh quality plast...	Cell Phones|Cellphone Accessories|Cases & Prot...	Ganma	13.99	2
1	21238	Eye Buy Express Prescription Glasses Mens Wome...	Rounded rectangular cat eye reading glasses Th...	Health|Home Health Care|Daily Living Aids	Eye Buy Express	19.22	0
2	22181	MightySkins Skin Decal Wrap Compatible with Ni...	Each Nintendo 2DS kit is printed with super hi...	Video Games|Video Game Accessories|Accessories...	Mightyskins	14.99	6
3	84879	Mediven Sheer and Soft 15-20 mmHg Thigh w/ Lac...	The sheerest compression stocking in its class...	Health|Medicine Cabinet|Braces & Supports	Medi	62.38	9
4	84836	Stupell Industries Chevron Initial Wall D cor	Features Made in the USA Sawtooth hanger on ...	Home Improvement|Paint|Wall Decals|All Wall De...	Stupell Industries	35.99	8
...	...	...	...	...	...	...	...
3953	84612B	Home Cardboard Flower Print Travel Memo Collec...	Special design easy to insert and remove your ...	Arts, Crafts & Sewing|Scrapbooking|Albums & Re...	Unique Bargains	20.99	2
3954	47502	6 1/4 x 6 1/4 Gatefold Invitation - Mandarin O...	Announce your event using a classic Gatefold s...	Office|Envelopes & Mailing Supplies|Envelopes	Envelopes.com	55.23	2
3955	84546	Three Things That Makes Good Coffee: Sugar, Su...	Product FeaturesSize 35in x 18inColor Light pi...	Home Improvement|Paint|Wall Decals|All Wall De...	Style & Apply	39.95	3
3956	21923	Women's Breeze Walker	Supple leather uppers with lining three adjust...	Clothing|Shoes|Womens Shoes|All Womens Shoes	Prop?t	76.95	10
3957	16161M	LG PTAC 15 100 BTU/Cooling 11 900 BTU/Heating	LG PTAC 15 100 BTUCooling 11 900 BTUHeating He...	Home Improvement|Heating, Cooling, & Air Quali...	LG	5000.00	2

3706 rows × 7 columns

图 7-25　输出结果

现在，df_product 数据已准备好根据类似项目推荐产品了。

编写一个函数，以根据项目相似性和客户相似性推荐产品：

```python
# 基于项目和客户相似性的推荐产品的函数。
from sklearn.feature_extraction.text import TfidfVectorizer, ENGLISH_STOP_WORDS
from sklearn.metrics.pairwise import cosine_similarity
from sklearn.feature_extraction.text import TfidfTransformer
from nltk.corpus import stopwords
import pandas as pd

# 函数：在使用 TF-IDF 将 Description 列转为特征后，找出余弦相似性
def cosine_similarity_T(df,query):
    vec = TfidfVectorizer(analyzer='word', stop_words=ENGLISH_STOP_WORDS)
    vec_train = vec.fit_transform(df.Description)
    vec_query = vec.transform([query])
    within_cosine_similarity = []
    for i in range(len(vec_train.todense())):
        within_cosine_similarity.append(cosine_similarity(vec_train[i,:].toarray(),
        vec_query.toarray())[0][0])
    df['Similarity'] = within_cosine_similarity
    return df
def recommend_product(customer_id):
    # 过滤出特定的客户
    cluster_score_df = score_df[score_df.cluster==order_cluster_mapping[order_cluster_
    mapping.CustomerID == customer_id]['cluster'].iloc[0]]
    # 过滤出前 5 个库存编号以进行推荐
    top_5_non_bought = cluster_score_df[~cluster_score_df.StockCode.isin(order_cluster_
    mapping[order_cluster_mapping.CustomerID == customer_id]['StockCode'])].nlargest(5, 'Score')
    print('\n--- top 5 StockCode - Non bought --------\n')
    print(top_5_non_bought)
    print('\n------- Recommendations Non bought------\n')
    # 从产品表中打印产品名称。
print(df_product[df_product.StockCode.isin(top_5_non_bought.StockCode)]['Product Name'])
    cust_orders = df_order[df_order.CustomerID == customer_id][['CustomerID','StockCode']]
    top_orders = cust_orders.groupby(['StockCode']).count().reset_index()
    top_orders = top_orders.rename(columns = {'CustomerID':'Counts'})
    top_orders['CustomerID'] = customer_id
    top_5_bought = top_orders.nlargest(5,'Counts')
    print('\n--- top 5 StockCode - bought --------\n')
    print(top_5_bought)
    print('\n------- Stock code Product (Bought) - Description cluster Mapping ------\n')
    top_clusters = df_product[df_product.StockCode.isin(top_5_bought.StockCode.tolist())]
    [['StockCode','cluster']]
    print(top_clusters)
    df = df_product[df_product['cluster']==df_product[df_product.StockCode==top_clusters.
    StockCode.iloc[0]]['cluster'].iloc[0]]
    query = df_product[df_product.StockCode==top_clusters.StockCode.iloc[0]]['Description'].
    iloc[0]
```

```
print("\nquery\n")
print(query)
recomendation = cosine_similarity_T(df,query)
print(recomendation.nlargest(3,'Similarity'))
```

recommend_product(13137)

图 7-26 展示了向客户 13137 提供的最终推荐。

```
--- top 5 StockCode - Non bought --------

        cluster StockCode  Score
15032       5    85123A    122
14490       5    47566     115
13533       5    22423      95
12686       5    21034      62
13246       5    22077      59

-------Recommendations Non bought ------

135     Mediven Sheer and Soft 15-20 mmHg Thigh w/ Lac...
215     MightySkins Skin Decal Wrap Compatible with Ap...
225     Handcrafted Ercolano Music Box Featuring "Lunc...
741     3 Pack Newbee Fashion- "Butterfly" Thin Design...
1048    Port Authority K110 Dry Zone UV Micro-Mesh Pol...
Name: Product Name, dtype: object

--- top 5 StockCode - bought --------

      StockCode  Counts  CustomerID
23      21212       5     13137
24      21213       5     13137
86      22211       5     13137
101     22379       5     13137
8       20727       4     13137

-------Stock code Product (Bought) - Description cluster Mapping------

      StockCode  cluster
214     21212       4
372     22379       2
565     20727      14
636     22211       2
1129    21213       8
     StockCode                      Description        Similarity
44     84378   Our Rustic Collection is an instant classic Ou...    1.0
111    23298   Our Rustic Collection is an instant classic Ou...    1.0
214    21212   Our Rustic Collection is an instant classic Ou...    1.0
```

图 7-26　输出结果

第一组突出显示根据类似客户所做的推荐。第二组突出显示根据相似商品所做的推荐。

小结

本章中，我们学习了如何使用聚类方法——一种无监督机器学习算法——来构建推荐引擎。我们利用客户和订单数据根据类似客户来推荐产品 / 商品。同时，我们也使用产品数据来根据相似商品进行推荐。

第 8 章

基于分类算法的推荐系统

基于分类算法的推荐系统也称为"购买偏好模型"，其目标是利用客户的历史行为和购买记录来预测他们购买产品的意向。

预测未来购买行为的准确度越高，给出的推荐就越好，越能促进销售。这种推荐系统很常用，以确保那些有一定购买可能性的客户能够实现 100% 的转化。针对这些产品提供促销方案，可以吸引客户购买。

方法

以下是构建基于分类算法的推荐引擎的基本步骤。

1. 数据收集。
2. 数据预处理和清洗。
3. 特征工程。
4. 探索性数据分析。
5. 模型构建。
6. 评估。
7. 预测和推荐。

图 8-1 展示了构建基于分类算法模型的步骤。

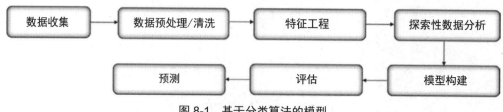

图 8-1   基于分类算法的模型

实现如下。

安装并导入需要用到的库：

```
# 导入库
import pandas as pd
import numpy as np
import matplotlib.pyplot as plt
import seaborn as sns
from IPython.display import Image
import os
from sklearn import preprocessing
from sklearn.model_selection import train_test_split
from sklearn.metrics import accuracy_score,confusion_matrix,classification_report
from sklearn.linear_model import LogisticRegression
from imblearn.combine import SMOTETomek
from collections import Counter
from sklearn.ensemble import RandomForestClassifier
from sklearn.metrics import roc_auc_score, roc_curve
from sklearn.neighbors import KNeighborsClassifier
from sklearn.metrics import roc_curve, roc_auc_score
from sklearn.naive_bayes import GaussianNB
from sklearn import tree
from sklearn.tree import DecisionTreeClassifier
from xgboost import XGBClassifier
```

数据收集以及下载词嵌入

使用一个电商数据集作为例子。从 GitHub 链接下载数据集。

以 DataFrame（pandas）形式导入数据

导入记录、客户和产品数据：

```
# 读取 Record 数据集
```

```
record_df = pd.read_excel("Rec_sys_data.xlsx")
# 读取 Customer 数据集
customer_df = pd.read_excel("Rec_sys_data.xlsx", sheet_name = 'customer')
# 读取 Product 数据集
prod_df = pd.read_excel("Rec_sys_data.xlsx", sheet_name = 'product')
```

打印 DataFrame 的前 5 行：

```
# 查看前 5 行
print(record_df.head())
print(customer_df.head())
print(prod_df.head())
```

图 8-2 展示了记录相关数据的前 5 行输出：

	InvoiceNo	StockCode	Quantity	InvoiceDate	DeliveryDate	Discount%	ShipMode	ShippingCost	CustomerID
0	536365	84029E	6	2010-12-01 08:26:00	2010-12-02 08:26:00	0.20	ExpressAir	30.12	17850
1	536365	71053	6	2010-12-01 08:26:00	2010-12-02 08:26:00	0.21	ExpressAir	30.12	17850
2	536365	21730	6	2010-12-01 08:26:00	2010-12-03 08:26:00	0.56	Regular Air	15.22	17850
3	536365	84406B	8	2010-12-01 08:26:00	2010-12-03 08:26:00	0.30	Regular Air	15.22	17850
4	536365	22752	2	2010-12-01 08:26:00	2010-12-04 08:26:00	0.57	Delivery Truck	5.81	17850

图 8-2　输出结果

图 8-3 展示了客户数据的前 5 行输出。

	CustomerID	Gender	Age	Income	Zipcode	Customer Segment
0	13089	male	53	High	8625	Small Business
1	15810	female	22	Low	87797	Small Business
2	15556	female	29	High	29257	Corporate
3	13137	male	29	Medium	97818	Middle class
4	16241	male	36	Low	79200	Small Business

图 8-3　输出结果

图 8-4 展示了产品数据的前 5 行输出。

	StockCode	Product Name	Description	Category	Brand	Unit Price
0	22629	Ganma Superheroes Ordinary Life Case For Samsu...	New unique design, great gift.High quality pla...	Cell Phones|Cellphone Accessories|Cases & Prot...	Ganma	13.99
1	21238	Eye Buy Express Prescription Glasses Mens Wome...	Rounded rectangular cat-eye reading glasses. T...	Health|Home Health Care|Daily Living Aids	Eye Buy Express	19.22
2	22181	MightySkins Skin Decal Wrap Compatible with Ni...	Each Nintendo 2DS kit is printed with super-hi...	Video Games|Video Game Accessories|Accessories...	Mightyskins	14.99
3	84879	Mediven Sheer and Soft 15-20 mmHg Thigh w/ Lac...	The sheerest compression stocking in its class...	Health|Medicine Cabinet|Braces & Supports	Medi	62.38
4	84836	Stupell Industries Chevron Initial Wall Dcor	Features: -Made in the USA. -Sawtooth hanger o...	Home Improvement|Paint|Wall Decals|All Wall De...	Stupell Industries	35.99

图 8-4　输出结果

数据预处理

在构建任何模型之前，首要步骤都是清洗和预处理数据。

分析、清洗并合并这三个数据集，这样一来，合并后的 DataFrame 就可以用来构建机器学习模型。现在，检查每个客户购买的每种产品的总数量：

```
# 按照 Stockcode 和 CustomerID 分组并求和 Quantity
group = pd.DataFrame(record_df.groupby(['StockCode', 'CustomerID']).Quantity.sum())
print(group.shape)
group.head()
```

图 8-5 展示了按照股票代码和客户 ID 分组并对数量求和的输出。

```
(192758, 1)
```

		Quantity
StockCode	CustomerID	
10002	12451	12
	12510	24
	12583	48
	12637	12
	12673	1

图 8-5 输出结果

现在，检查客户和记录数据集中是否有空值：

```
# 检查空值
print(record_df.isnull().sum())
print("--------------\n")
print(customer_df.isnull().sum())
```

输出结果如下：

```
InvoiceNo        0
StockCode        0
Quantity         0
InvoiceDate      0
DeliveryDate     0
Discount%        0
ShipMode         0
ShippingCost     0
CustomerID       0
dtype: int64
```

```
--------------
CustomerID            0
Gender                0
Age                   0
Income                0
Zipcode               0
Customer Segment 0
dtype: int64
```

数据集中没有空值，因此不需要删除或处理操作。

将 CustomerID 和 StockCode 加载到不同的变量中，并创建一个交叉产品以供进一步使用：

```
# 将 CustomerID 和 StockCode 分别加载到变量 d1，d2 中
d2 = customer_df['CustomerID']
d1 = record_df["StockCode"]
# 提取数据样本并存储到两个变量中
row = d1.sample(n= 900)
row1 = d2.sample(n=900)
# row 和 row1 的交叉乘积
index = pd.MultiIndex.from_product([row, row1])
a = pd.DataFrame(index = index).reset_index()
a.head()
```

图 8-6 显示了输出结果。

	StockCode	CustomerID
0	48129	13736
1	48129	17252
2	48129	16005
3	48129	17288
4	48129	14267

图 8-6　输出结果

现在，合并 CustomerID 和 StockCode 与 group 和 a：

```
# 合并 CustomerID 和 StockCode
data = pd.merge(group,a, on = ['CustomerID', 'StockCode'], how = 'right')
data.head()
```

图 8-7 显示了输出结果。

	StockCode	CustomerID	Quantity
0	48129	13736	NaN
1	48129	17252	NaN
2	48129	16005	1.0
3	48129	17288	NaN
4	48129	14267	NaN

图 8-7　输出结果

可以看到，Quantity 列中有空值检查一下空值。

```
# 检查 Quantity 列中空值的总数
print(data['Quantity'].isnull().sum())
# 检查数据的形状，即行数和列数
print(data.shape)
```

输出结果如下：

```
779771
(810000, 3)
```

通过将空值替换为 0 并检查唯一值来处理缺失值：

```
# 将 nan 值替换为 0
data['Quantity'] = data['Quantity'].replace(np.nan, 0).astype(int)
# 检查 Quantity 列的所有唯一值
print(data['Quantity'].unique())
```

图 8-8 显示了输出结果。

```
[     0    12    24     2     1    72     3     5     4    48    10     8
      6    32    14    96    37     7    20    30     9    15    11    58
     41    18   400    40   100   220    16    64   120   144    84    13
     36   192    42    25    38    50   168   240    52    19    21   101
     35    60   161   648   480   576    45   600   156    17    46    44
    232   385   180    22    43  1200   200   348   148    76    63    28
    360    54   276    31   370    98   122   706    26   456   960    23
    160   104   401    57   135    27   179   136   224    80   376    97
    201   145    90    70   154  1000    75   432   132   152  2160   624
    720   390    88    34   108   125    33   250   225   133   408    95
    384   130   528   896   514   174   300    62    85   110   150   264
     49   184    68   126  1062   288   549    78   301   112   289   312
    241   732  1400   252   320    56   109   275    29   190   102    66
    660   185   216   119   504    74   256    61   266   128    83  4300
     71    79   664   500    55    73   270   208   768   257    53   138
    172   114   242    47   121   230   111   163   273    59    51  1152
    302    67   984   350   512   832   322  1248  1800  1680  1296   123
    140   147   198  1540   481   336   672   792   204   210   800   448
   9360    94   285   483   450   151   105   750   286  1920   372   680
    324   175   577  1008   212   431    65   640   124   170   194    93
     81  2400   196   234   588   386   304  1080   840    91   248   193
  74215    39   864]
```

图 8-8　输出结果

从产品表中删除不需要的列：

```
# 删除 product name 列和 description 列
product_data = prod_df.drop(['Product Name', 'Description'], axis = 1)
product_data['Category'].str.split('::').str[0]
product_data.head()
```

图 8-9 显示了前 5 行输出。

	StockCode	Category	Brand	Unit Price
0	22629	Cell Phones|Cellphone Accessories|Cases & Prot...	Ganma	13.99
1	21238	Health|Home Health Care|Daily Living Aids	Eye Buy Express	19.22
2	22181	Video Games|Video Game Accessories|Accessories...	Mightyskins	14.99
3	84879	Health|Medicine Cabinet|Braces & Supports	Medi	62.38
4	84836	Home Improvement|Paint|Wall Decals|All Wall De...	Stupell Industries	35.99

图 8-9　输出结果

从 Category 列中提取出第一个层级，并且将其与 product_data 表进行联接：

```
# 从 Category 列中提取出第一个字符串
cate = product_data['Category'].str.extract(r"(\w+)", expand=True)
# 将 cate 列与原始数据集进行合并
df2 = product_data.join(cate, lsuffix="_left")
df2.drop(['Category'], axis = 1, inplace = True)
# 将列名重命名为 Category
df2 = df2.rename(columns = {0: 'Category'})
print(df2.shape)
df2.head()
```

图 8-10 显示了输出结果。

(29912, 4)

	StockCode	Brand	Unit Price	Category
0	22629	Ganma	13.99	Cell
1	21238	Eye Buy Express	19.22	Health
2	22181	Mightyskins	14.99	Video
3	84879	Medi	62.38	Health
4	84836	Stupell Industries	35.99	Home

图 8-10　输出结果

联接完成后，检查并删除所有空值：

```
# 检查并删除空值
df2.isnull().sum()
df2.dropna(inplace = True)
df2.isnull().sum()
```

输出结果如下：

```
StockCode     0
Brand         0
Unit Price    0
Category      0
dtype: int64
```

保存预处理文件并重新读取：

```
# 保存为 csv 文件
df2.to_csv("Products.csv")
# 加载产品数据集
product = pd.read_csv("/content/Products.csv")
```

合并数据，产品和客户表：

```
# 合并数据和产品数据集
final_data = pd.merge(data, product, on= 'StockCode')
# 通过合并客户和最终数据创建最终数据集
final_data1 = pd.merge(customer_df, final_data, on = 'CustomerID')
# 删除 Unnamed 和 zipcode 列
final_data1.drop(['Unnamed: 0', 'Zipcode'], axis = 1, inplace = True)
final_data1.head()
```

图 8-11 显示了合并后的前 5 行输出。

	CustomerID	Gender	Age	Income	Customer Segment	StockCode	Quantity	Brand	Unit Price	Category
0	16241	male	36	Low	Small Business	84997A	0	Mightyskins	23.99	Electronics
1	16241	male	36	Low	Small Business	M	0	Dr. Comfort	139.00	Clothing
2	16241	male	36	Low	Small Business	85032B	1	Mightyskins	59.99	Sports
3	16241	male	36	Low	Small Business	85170B	0	Mediven	62.38	Health
4	16241	male	36	Low	Small Business	85099F	0	Tom Ford	63.20	Beauty

图 8-11　输出结果

检查最终表格中的空值：

```
print(final_data1.shape)
# 检查每列的空值
final_data1.isnull().sum()
```

输出结果如下所示。

```
(61200, 10)
```

```
CustomerID    0
Gender        0
Age           0
```

```
Income            0
Customer Segment  0
StockCode         0
Quantity          0
Brand             0
Unit Price        0
Category          0
dtype: int64
```

检查每列中的唯一类：

```
# 检查每个分类列中的唯一值
print(final_data1['Category'].unique())
print('------------\n')
print(final_data1['Income'].unique())
print('------------\n')
print(final_data1['Brand'].unique())
print('------------\n')
print(final_data1['Customer Segment'].unique())
print('------------\n')
print(final_data1['Gender'].unique())
print('------------\n')
print(final_data1['Quantity'].unique())
```

输出结果如下：

```
['Electronics', 'Clothing', 'Sports', 'Health', 'Beauty', 'Jewelry', 'Home',
 'Office', 'Auto', 'Cell', 'Pets', 'Food', 'Household', 'Shop']
------------
['Low', 'Medium', 'High']
------------
['Mightyskins', 'Dr. Comfort', 'Mediven', 'Tom Ford', 'Eye Buy Express',
 'MusicBoxAttic', 'Duda Energy', 'Business Essentials', 'Medi',
 'Seat Belt Extender Pros', 'Boss hub', 'Ishow Hair', 'Ekena Milwork',
 'JustVH', 'UNOTUX', 'Envelopes.com', 'Auburn Leathercrafters',
 'Style and Apply', 'Edwards', 'Larissa Veronica', 'Awkward Styles', 'New Way',
 'McDonalds', 'Ekena Millwork', 'Omega', "Medaglia D'Oro", 'allwitty', 'Propt',
 'Unique Bargains', 'CafePress', "Ron's Optical", 'Wrangler', 'AARCO']
------------
['Small Business', 'Middle class', 'Corporate']
------------
['male', 'female']
------------
[0, 1, 3, 5, 15, 2, 4, 8, 6, 24, 7, 30, 9, 10,
 62, 20, 18, 12, 72, 50, 400, 36, 27, 242, 58, 25, 60, 48,
 22, 148, 16, 152, 11, 31, 64, 147, 42, 23, 43, 26, 14, 21,
 1200, 500, 28, 112, 90, 128, 44, 200, 34, 96, 140, 19, 160, 17,
 100, 320, 370, 300, 350, 32, 78, 101, 66, 29]
```

从这个输出中，可以看到 brand 列中有一些特殊字符，删除它们即可：

```
# 清洗测试
final_data1['Brand'] = final_data1['Brand'].str.replace('?', '')
final_data1['Brand'] = final_data1['Brand'].str.replace('&', 'and')
final_data1['Brand'] = final_data1['Brand'].str.replace('(', '')
final_data1['Brand'] = final_data1['Brand'].str.replace(')', '')
print(final_data1['Brand'].unique())
```

输出结果如下：

```
['Mightyskins' 'Dr. Comfort' 'Mediven' 'Tom Ford' 'Eye Buy Express'
 'MusicBoxAttic' 'Duda Energy' 'Business Essentials' 'Medi'
 'Seat Belt Extender Pros' 'Boss hub' 'Ishow Hair' 'Ekena Milwork'
 'JustVH' 'UNOTUX' 'Envelopes.com' 'Auburn Leathercrafters'
 'Style and Apply' 'Edwards' 'Larissa Veronica' 'Awkward Styles' 'New Way'
 'McDonalds' 'Ekena Millwork' 'Omega' "Medaglia D'Oro" 'allwitty' 'Propt'
 'Unique Bargains' 'CafePress' "Ron's Optical" 'Wrangler' 'AARCO']
```

所有数据集都已经合并，需要的数据预处理和清洗也已经完成了。

特征工程

数据预处理和清洗完成后，下一步就是进行特征工程。

使用 Quantity 列来创建一个 flag 列，以标记客户是否购买了产品。如果 Quantity 列为 0，则表示客户没有购买产品。

```
# 创建 flag_buy 列
final_data1.loc[final_data1.Quantity == 0, "flag_buy"] = 0
final_data1.loc[final_data1.Quantity != 0, "flag_buy"] = 1

# 将 flag_buy 列的值转换为整数类型
final_data1['flag_buy'] = final_data1.flag_buy.astype(int)
final_data1.tail()
```

图 8-12 显示了创建目标列后的前 5 行输出。

	CustomerID	Gender	Age	Income	Customer Segment	StockCode	Quantity	Brand	Unit Price	Category	flag_buy
61195	16078	male	23	High	Middle class	15044D	0	Awkward Styles	18.95	Clothing	0
61196	16078	male	23	High	Middle class	90082B	0	Ron's Optical	11.99	Health	0
61197	16078	male	23	High	Middle class	72802C	0	Wrangler	44.99	Clothing	0
61198	16078	male	23	High	Middle class	82494L	0	AARCO	512.92	Office	0
61199	16078	male	23	High	Middle class	84341B	0	Medi	62.38	Health	0

图 8-12　输出结果

新的 flag_buy 列就创建好了。对这个列进行一些简单的探索：

```
# 检查 flag_buy 列中的唯一值
```

```
print(final_data1['flag_buy'].unique())
# 提供列的描述信息
print(final_data1.describe())
# 数据的信息
print(final_data1.info())
```

图 8-13 展示了描述的输出结果:

```
array([0, 1])
<class 'pandas.core.frame.DataFrame'>
Int64Index: 61200 entries, 0 to 61199
Data columns (total 11 columns):
 #   Column            Non-Null Count   Dtype
---  ------            --------------   -----
 0   CustomerID        61200 non-null   int64
 1   Gender            61200 non-null   object
 2   Age               61200 non-null   int64
 3   Income            61200 non-null   object
 4   Customer Segment  61200 non-null   object
 5   StockCode         61200 non-null   object
 6   Quantity          61200 non-null   int64
 7   Brand             61200 non-null   object
 8   Unit Price        61200 non-null   float64
 9   Category          61200 non-null   object
 10  flag_buy          61200 non-null   int64
dtypes: float64(1), int64(4), object(6)
memory usage: 5.6+ MB
```

	CustomerID	Age	Quantity	Unit Price	flag_buy
count	61200.000000	61200.000000	61200.000000	61200.000000	61200.000000
mean	15246.732222	36.741111	0.584673	75.782941	0.033840
std	1715.931502	10.855742	9.865284	85.066391	0.180818
min	12346.000000	18.000000	0.000000	4.150000	0.000000
25%	13742.000000	27.000000	0.000000	25.740000	0.000000
50%	15260.500000	37.000000	0.000000	49.580000	0.000000
75%	16686.250000	46.000000	0.000000	64.990000	0.000000
max	18280.000000	55.000000	1200.000000	512.920000	1.000000

图 8-13　输出结果

探索性数据分析

特征工程对模型数据预处理而言至关重要。然而,探索性数据分析(exploratory data analysis,EDA)也起着重要的作用。可以通过查看历史数据本身获得更多的商业洞察。

现在,开始探索数据。首先,为 brand 列绘制图表:

```
plt.figure(figsize=(50,20))
sns.set_theme(style="darkgrid")
sns.countplot(x = 'Brand', data = final_data1)
```

图 8-14 展示了 brand 列的输出结果。从这张图表中获取的关键洞察是，Mightyskins 品牌的销量最高。

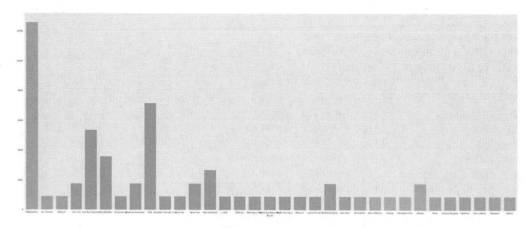

图 8-14　输出结果

接下来，为 Income 列绘制图表：

```
# 计算 Income 类的数量
plt.figure(figsize=(10,5))
sns.set_theme(style="darkgrid")
sns.countplot(x = 'Income', data = final_data1)
```

图 8-15 展示了 Income 列的数量统计图的输出结果。从这张图表中获取的关键洞察是，低收入客户购买的产品更多。然而，中高收入的客户在购买数量上并不存在明显的差异。

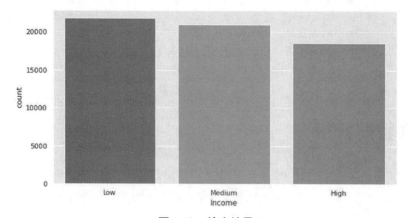

图 8-15　输出结果

在此，我们省略了一些图表。若想了解更多信息，请查看笔记本。绘制直方图以显示年龄分布：

```
# 绘制直方图以显示年龄分布
plt.figure(figsize=(10,5))
sns.set_theme(style="darkgrid")
sns.histplot(data=final_data1, x="Age", kde = True)
```

图 8-16 展示了年龄分布的输出结果。

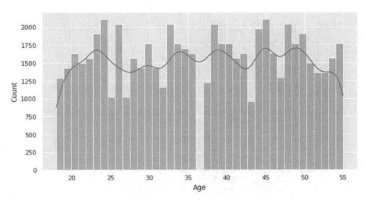

图 8-16　输出结果

绘制面积图以按类别显示年龄分布：

```
plt.figure(figsize=(10,5))
sns.set_theme(style="darkgrid")
sns.histplot(data=final_data1, x="Age", hue="Category", element= "poly")
```

图 8-17 展示了按类别显示的年龄分布。

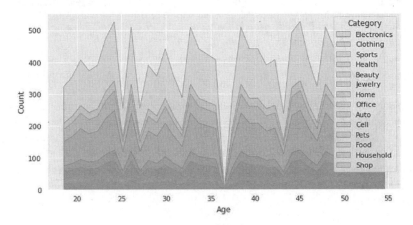

图 8-17　输出结果

创建条形图来查看目标客群分布：

```
# 使用条形图展示购买产品的客户数量
plt.figure(figsize=(10,5))
sns.set_theme(style="darkgrid")
sns.countplot(x = 'flag_buy', data = final_data1)
```

图 8-18 展示了目标分布条形图。

这个特定的应用场景存在数据不平衡的问题。在对数据进行采样后，开始构建模型。

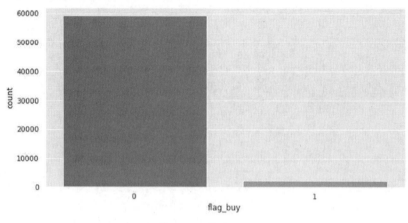

图 8-18　输出结果

模型构建

在构建模型之前，对所有类别变量进行编码。另外，还需要保存库存代码以便后续使用：

```
# 使用标签编码器对类别变量进行编码
from sklearn import preprocessing
label_encoder = preprocessing.LabelEncoder()
final_data1['StockCode'] = label_encoder.fit_transform(final_data1['StockCode'])
mappings = {}
mappings['StockCode'] = dict(zip(label_encoder.classes_,range(len(label_encoder.classes_))))
final_data1['Gender'] = label_encoder.fit_transform(final_data1['Gender'])
final_data1['Customer Segment'] = label_encoder.fit_transform(final_data1['Customer Segment'])
final_data1['Brand'] = label_encoder.fit_transform(final_data1['Brand'])
final_data1['Category'] = label_encoder.fit_transform(final_data1['Category'])
final_data1['Income'] = label_encoder.fit_transform(final_data1['Income'])
final_data1.head()
```

图 8-19 展示了编码后的前 5 行输出。

	CustomerID	Gender	Age	Income	Customer Segment	StockCode	Quantity	Brand	Unit Price	Category	flag_buy
0	16241	1	36	1	2	24	0	20	23.99	4	0
1	16241	1	36	1	2	52	0	6	139.00	3	0
2	16241	1	36	1	2	26	1	20	59.99	13	1
3	16241	1	36	1	2	41	0	19	62.38	6	0
4	16241	1	36	1	2	36	0	28	63.20	1	0

图 8-19 输出结果

拆分训练集和测试集

数据拆分为两部分：一部分用于训练模型，称为训练集；另一部分用于评估模型，称为测试集。从 sklearn.model_selection 库中导入 train_test_split，将 DataFrame 分割为两部分：

```
# 分离因变量和自变量
x = final_data1.drop(['flag_buy'], axis = 1)
y = final_data1['flag_buy']
# 检查因变量和自变量的形状
print((x.shape, y.shape))
# 将数据拆分为训练集和测试集
from sklearn.model_selection import train_test_split
x_train, x_test, y_train, y_test = train_test_split(x, y, train_size = 0.6, random_state = 42)
```

逻辑回归

预测数值时会用到线性回归。但也存在一些分类问题，其中的因变量是二元的，例如是或否、1 或 0、真或假等。在这种情况下，就需要逻辑回归了。作为一种分类算法，它在线性回归的基础上，使用了对数几率将因变量的范围限制在 0 和 1 之间。

图 8-20 显示了逻辑回归的公式，其中的（$P/1-P$）是优势比（odds ratio），β_0 是常数，β 是系数。

$$\log\left(\frac{P}{1-P}\right) = \beta_0 + \beta_1 X$$

图 8-20 公式

图 8-21 显示了逻辑回归的工作原理。

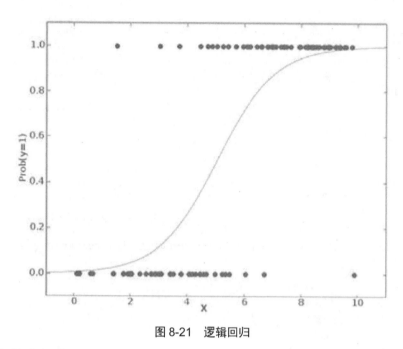

图 8-21　逻辑回归

现在来看看如何评估分类模型。

- 准确率是预测正确的次数除以总预测次数。其值介于 0 和 1 之间；若要将其转化为百分比，将答案乘以 100 即可。但只用准确率作为评估参数并不理想。因为，当数据不平衡时，准确率可能仍然会相当高。

- 实际类别和预测类别的交叉表称为"混淆矩阵"。它不仅用于二元分类，也可以用于多类别分类。图 8-22 展示了一个混淆矩阵。

		预测值	
		实际值	实际值
实际值	阳性	真阳性	假阴性
	阴性	假阳性	真阴性

图 8-22　混淆矩阵

ROC（receiver operating characteristic，接收者操作特征）曲线是一个用于评估分类任务的指标。绘制假阳性率（横轴）和真阳性率（纵轴）的图表即为 ROC 曲线。这个曲线展示了阈值变化时，分类器对于类别区分的强度。ROC 曲线下的面积越大，预测性能就越强。图 8-23 显示了 ROC 曲线。

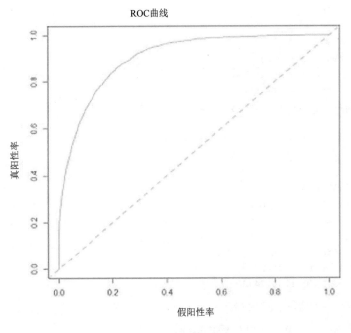

图 8-23　ROC 曲线

线性回归和逻辑回归是传统的基于统计学来预测因变量的方法。但是，这些算法也存在一些问题。

- 统计建模必须满足之前讨论过的假设。如果这些假设不成立，模型的可靠性就会降低，对随机预测的适应性也会受到影响。
- 当数据和目标特征非线性的时候，这些算法会面临挑战。复杂的模式难以解码。
- 数据应该是干净的（应处理缺失值和离群值）。

可以使用决策树、随机森林、支持向量机和神经网络等先进的机器学习概念来克服这些限制。

实现

具体实现如下所示：

```
# 使用逻辑回归进行训练
from sklearn.metrics import accuracy_score,confusion_matrix,classification_report
from sklearn.linear_model import LogisticRegression
logistic = LogisticRegression()
```

```
logistic.fit(x_train, y_train)

# 计算分数
pred=logistic.predict(x_test)
print(confusion_matrix(y_test, pred))
print(accuracy_score(y_test, pred))
print(classification_report(y_test, pred))
```

输出结果如下:

```
[[23633 0]
 [ 2 845]]
0.9999183006535948
precision recall f1-score support
0 1.00 1.00 1.00 23633
1 1.00 1.00 1.00 847
accuracy 1.00 24480
macro avg 1.00 1.00 1.00 24480
weighted avg 1.00 1.00 1.00 24480
```

本章在讨论探索性数据分析时探讨了目标分布及其不平衡性。应用抽样技术（sampling technique），使其成为平衡数据，然后再建模：

```
# 采用抽样技术处理不平衡的数据
smk = SMOTETomek(0.50)
X_res,y_res=smk.fit_resample(x_train,y_train)
# 计算类别的数量
from collections import Counter
print("The number of classes before fit {}".format(Counter(y)))
print("The number of classes after fit {}".format(Counter(y_res)))
```

输出结果如下:

```
The number of classes before fit Counter({0: 59129, 1: 2071})
The number of classes after fit Counter({0: 35428, 1: 17680})
```

在抽样后建立相同的模型：

```
## 使用逻辑回归训练模型
from sklearn.metrics import accuracy_score,confusion_matrix,classification_report
from sklearn.linear_model import LogisticRegression
logistic = LogisticRegression()
logistic.fit(X_res, y_res)
# 计算分数
y_pred=logistic.predict(x_test)
print(confusion_matrix(y_test,y_pred))
print(accuracy_score(y_test,y_pred))
print(classification_report(y_test,y_pred))
```

输出结果如下:

```
[[23633, 0],
 [0, 847]]
1.0
             precision  recall  f1-score  support
        0        1.00    1.00      1.00     23633
        1        1.00    1.00      1.00       847
accuracy                          1.00     24480
macro avg        1.00    1.00      1.00     24480
weighted avg     1.00    1.00      1.00     24480
```

决策树

决策树是监督式学习的一种,其中,数据基于从最重要的变量到最不重要的变量的顺序被分割为相似的组。当所有变量都被分割后,它的结构看起来就像一棵树,因此他被称为"基于树的模型"。

树由根节点、决策节点和叶节点组成。决策节点可以有两个或更多个分支,而叶节点则代表一个决策。决策树可以处理任何类型的数据,无论是定量数据还是定性数据。图 8-24 展示了决策树的工作原理。

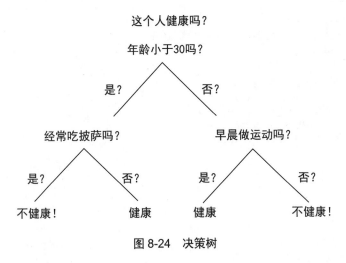

图 8-24　决策树

我们来看一下决策树中的关键概念——树的分割(split)——是如何进行的。决策树算法的核心就是树的分割过程。它使用不同的算法来进行节点的分割,并且在分类问题和回归问题中有所不同。

分类问题中的分割方式如下。

- 基尼指数是一种基于概率的树分割方式。它使用成功和失败概率的平方和来确定节点的纯度（purity）。分类和回归树（classification and regression tree，CART）使用基尼指数来进行分割。
- 卡方检验是子节点与父节点之间的统计显著性，由父节点决定如何分割。卡方值 = ((实际值 – 期望值)^2 / 期望值)^1/2。卡方自动交互检测（Chi-square automatic interaction detector，CHAID）就是一个例子。

回归问题中的分割方式如下。

- 方差降低是基于目标特征和独立特征之间的方差来分割树的方法。
- 过拟合指的是算法与给定的训练数据紧密拟合，但却无法准确预测未训练或测试数据的结果。决策树中的过拟合也是如此。当树被创建得过于完美地适应训练数据集中的所有样本时，就会造成过拟合，这会影响测试数据的准确性。

实现

具体实现如下：

```
# 使用决策树训练模型
from sklearn import tree
from sklearn.tree import DecisionTreeClassifier
dt = DecisionTreeClassifier()
dt.fit(X_res, y_res)
y_pred = dt.predict(x_test)
print(dt.score(x_train, y_train))
print(confusion_matrix(y_test,y_pred))
print(accuracy_score(y_test,y_pred))
print(classification_report(y_test,y_pred))
```

输出结果如下：

```
1.0

Confusion Matrix:
[[23633     0]
 [    0   847]]

Accuracy: 1.0

Metrics:
            precision  recall  f1-score  support
    Class 0       1.00    1.00      1.00     23633
```

Class 1	1.00	1.00	1.00	847
macro avg/total	1.00	1.00	1.00	24480
weighted avg/total	1.00	1.00	1.00	24480

随机森林

随机森林因其灵活性和能够克服过拟合问题而被广泛应用于机器学习算法中。随机森林是一种集成学习方法，由多个决策树组合而成。树的数量越多，准确率就越高。

随机森林可以执行分类和回归任务。它的优点如下：

- 对缺失值和异常值不敏感；
- 能够防止算法过拟合。

它是如何工作的呢？答案是它运用了装袋（bagging）和自举（bootsting）抽样技术。

- 随机选取 m 个特征的平方根和 2/3 的自举数据样本进行替换，以随机训练每棵决策树并预测结果；
- 构建 n 棵树，直到袋外（out-of-bag）误差率最小化并稳定；
- 计算每个预测目标的票数，并将众数用作最终的预测结果。

图 8-25 展示了随机森林模型的工作原理。

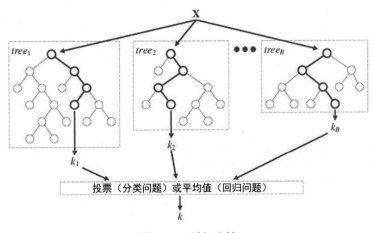

图 8-25　随机森林

实现

具体实现如下：

```
# 使用随机森林训练模型
```

```
from sklearn.ensemble import RandomForestClassifier
rf = RandomForestClassifier()
rf.fit(X_res, y_res)

# 计算得分
y_pred=rf.predict(x_test)
print(confusion_matrix(y_test,y_pred))
print(accuracy_score(y_test,y_pred))
print(classification_report(y_test,y_pred))
```

输出结果如下所示：

```
[[23633     0]
 [    0   847]]
1.0
precision    recall    f1-score    support
0            1.00      1.00        1.00       23633
1            1.00      1.00        1.00         847
accuracy     1.00      1.00        1.00       24480
macro avg    1.00      1.00        1.00       24480
weighted avg 1.00      1.00        1.00       24480
```

KNN

有关算法的更多信息，请参阅第 4 章。

实现

具体实现如下：

```
# 使用 KNN 训练模型
from sklearn.metrics import roc_auc_score, roc_curve
from sklearn.neighbors import KNeighborsClassifier
model1 = KNeighborsClassifier(n_neighbors=3)
model1.fit(X_res,y_res)
y_predict = model1.predict(x_test)
# 计算得分
print(model1.score(x_train, y_train))
print(confusion_matrix(y_test,y_predict))
print(accuracy_score(y_test,y_predict))
print(classification_report(y_test,y_predict))
# 绘制 AUROC 曲线
r_auc = roc_auc_score(y_test, y_predict)
r_fpr, r_tpr, _ = roc_curve(y_test, y_predict)
```

```
plt.plot(r_fpr, r_tpr, linestyle='--', label='KNN 预测 (AUROC = %0.3f)' % r_auc)
plt.title('ROC 曲线 ')
# 轴标签
plt.xlabel(' 假阳性率 ')
plt.ylabel(' 真阳性率 ')
# 显示图例
plt.legend()
# 显示图
plt.show()
```

图 8-26 显示了 KNN 的输出。

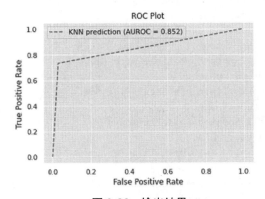

图 8-26　输出结果

注意，朴素贝叶斯和 XgBoost 的实现也在这些笔记本中。在前述模型中，逻辑回归的性能优于所有其他模型。使用该模型为一个客户推荐产品：

```
# x_test 包含所有特征，复制它
test_data = x_test.copy()
# 将预测结果存储在一个变量中
test_data['predictions'] = pred
# 过滤数据并进行推荐
recomm_one_cust = test_data[(test_data['CustomerID']== 17315) & (test_data['predictions']== 1)]
# 在建模过程中，我们编码了 stockcode 列，现在我们将对其进行解码并进行推荐
```

```
items = []
for item_id in recomm_one_cust['StockCode'].unique().tolist():
    prod = {v: k for k, v in mappings['StockCode'].items()}[item_id]
    items.append(str(prod))
items
```

输出结果如下所示：

```
['85123A', '85099C', '84970L', 'POST', '84970S', '82494L', '48173C', '85099B']
```

这些是应该推荐给 17315 号客户的产品 ID。如果想使用产品名称进行推荐，可以在产品表中过滤出这些 ID：

```
recommendations = []
for i in items:
    recommendations.append(prod_df[prod_df['StockCode']== i]['Product Name'])
recommendations
```

输出结果如下所示：

```
[135 Mediven Sheer and Soft 15-20 mmHg Thigh w/ Lac...
 Name: Product Name, dtype: object,
 551 Mediven Sheer and Soft 15-20 mmHg Thigh w/ Lac...
 Name: Product Name, dtype: object,
 1282 Eye Buy Express Kids Childrens Reading Glasses...
 Name: Product Name, dtype: object,
 7 MightySkins Skin Decal Wrap Compatible with Ot...
 Name: Product Name, dtype: object,
 160 Union 3" Female Ports Stainless Steel Pipe Fit...
 Name: Product Name, dtype: object,
 179 AARCO Enclosed Wall Mounted Bulletin Board
 Name: Product Name, dtype: object,
 287 Mediven Sheer and Soft 15-20 mmHg Thigh w/ Lac...
 Name: Product Name, dtype: object,
 77 Ebe Women Reading Glasses Reader Cheaters Anti...
 Name: Product Name, dtype: object]
```

还可以通过对模型的概率输出进行排序来做出推荐。

小结

在本章中，我们学习了如何使用各种分类算法为客户推荐产品或项目，这一过程涵盖从数据清洗到模型构建的所有步骤。这种类型的推荐是电商平台的一项增值服务。利用基于分类的算法输出，可以向客户展示他们可能没有注意到的产品，这样，客户对这些产品或商品的兴趣更大。与其他推荐技术相比，这种推荐方法的转化率更高一些。

第 IV 部分

相关趋势和新技术

第 9 章　基于深度学习的推荐系统

第 10 章　基于图的推荐系统

第 11 章　新兴领域和新技术

第 9 章

基于深度学习的推荐系统

到目前为止，大家已经学习了构建推荐系统的各种方法，并看到了它们的 Python 实现。本书首先讲解了最基础和直观的方法，比如市场购物车分析、基于内容的算法和协同过滤方法，然后转向了更复杂的机器学习方法，比如聚类、矩阵分解和基于机器学习的分类方法。本章将通过实现一个使用先进的深度学习概念的端到端推荐系统，继续我们的学习之旅。

深度学习技术运用最先进的、快速发展的网络结构和优化算法，通过在大量数据上进行训练，构建出表现力更强、性能更优的模型。过去几年里，图形处理单元（graphics processing unit，GPU）和深度学习一直推动着推荐系统的发展。由于 GPU 的大规模并行架构，使用它进行计算可以提供更高的性能并节省成本。首先探讨深度学习的基础，然后再看一下基于深度学习的协同过滤方法（神经协同过滤）。

深度学习（人工神经网络）基础

深度学习是机器学习的一种子类型，主要涵盖基于人工神经网络（artificial neural network，ANN）的算法，这种网络包含相互连接的节点，这些节点类似于生物大脑中存在的神经连接。它是一组通过链接或边缘传输信息的连接节点（人工神经元）。它从一个输入层（节点）开始，分支到多个节点层，这些层称为隐藏层（hidden layer），最后在一个输出节点/层中再次汇聚，得到输出的预测。

图 9-1 显示了一个神经网络,它是所有深度学习算法的基础构件。

输入层   隐藏层   输出层

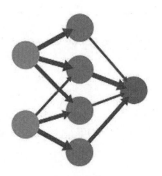

图 9-1   一个简单的神经网络

每个节点的输出都会根据赋予节点和边的权重来转化输入,当你从输入层通过网络逐渐向输出层移动时,每一层都会进一步优化和精细化预测结果。这种过程称为"前向传播"(forward propagation)。另一个重要的过程称为"反向传播"(backpropagation),它使用损失优化算法(如梯度下降)从输出层反向移动至输入层,在这一过程中,通过调整每层的节点和边的权重,计算并减小预测的损失。这两个过程共同作用,构建出一个能提供精确预测的最终网络。

这是对基本神经网络的简单解释,这些神经网络通常是所有深度学习算法的基础构件。

神经协同过滤(NCF)

协同过滤方法(collaborative filtering method)在各种领域中一直是构建推荐系统的最受欢迎的方法。像矩阵分解(matrix factorization)这样的流行技术已经得到了广泛使用,因为它们易于实现并能提供精确的预测。近年来,随着新的研究领域的出现,基于深度学习的模型在包括协同过滤在内的所有领域中的使用越来越广泛了。

神经协同过滤(neural collaborative filtering,NCF)是一种利用神经网络来进行增强的高级协同过滤方法。在矩阵分解中,客户与项目的关系是通过客户矩阵和项目矩阵的内积来定义的。而在 NCF 中,这个内积被一个神经网络结构取代。通过这种方式,它试图实现以下两个目标:

- 将矩阵分解泛化到神经网络框架;

● 通过多层感知机（MLP）学习客户与项目的交互和关系。

图 9-2 显示了 NCF 的整体结构。

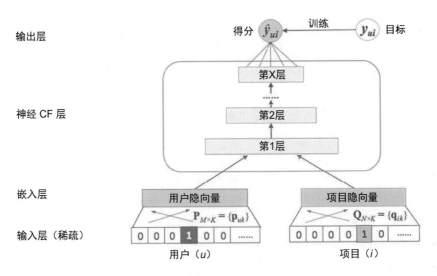

图 9-2　神经协同过滤 NCF

多层感知机（multilayer perceptron，MLP）是一种具有多层全连接结构的神经网络，也就是说，前一层的所有节点都与下一层的所有节点连接。在 MLP 中，每个节点通常使用 Sigmoid 函数作为其激活函数。Sigmoid 函数接受实数作为输入，并使用以下公式返回介于 0 和 1 之间的实值：$sigmoid(x) = 1/(1 + exp(-x))$，其中 x 是输入。在 NCF 中，激活函数是修正线性激活函数（rectified linear activation function，ReLU）。如果输入是正值，则返回相同的数字；如果是负值，则输出 0。ReLU 的公式是 "$max(0, x)$"，其中 x 是输入。

图 9-3 展示了一个多层感知机（MLP）。

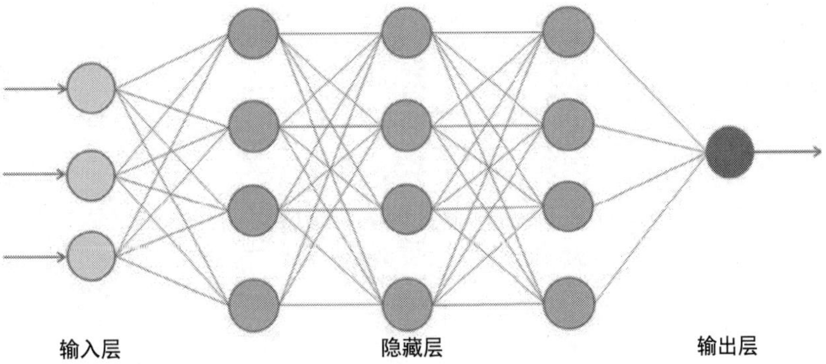

图 9-3　多层感知机（MLP）

相较于矩阵分解算法，采用多层感知机（MLP）算法无疑是一种升级，因为理论上，MLP能够以更高的准确率学习任何连续的关系，并且由于多层的结构，它具有高度的非线性（non-linearity），这使得它更适合学习客户和项目之间的复杂交互。

现在，你已经了解了深度学习、神经网络和神经协同过滤的基本知识。在后续小节中，我们将实现一个端到端的基于深度学习 /NCF 的推荐系统。

实现

使用以下代码安装和导入需要用到的库：

```
# 导入库
%load_ext autoreload
%autoreload 2
import sys
import pandas as pd
import tensorflow as tf
tf.get_logger().setLevel('ERROR') # 只显示错误消息
from recommenders.utils.timer import Timer
from recommenders.models.ncf.ncf_singlenode import NCF
from recommenders.models.ncf.dataset import Dataset as NCFDataset
from recommenders.datasets import movielens
from recommenders.utils.notebook_utils import is_jupyter
from recommenders.datasets.python_splitters import python_chrono_split,python_stratified_split
from recommenders.evaluation.python_evaluation import (rmse, mae, rsquared, exp_var, map_at_k, ndcg_at_k, precision_at_k,
recall_at_k, get_top_k_items)
print("System version: {}".format(sys.version))
print("Pandas version: {}".format(pd.__version__))
print("Tensorflow version: {}".format(tf.__version__))
```

数据收集

使用一个电商数据集作为例子。从 GitHub 链接下载数据集。

以 DataFrame（pandas）形式导入数据

导入记录、客户和产品数据:

```
# 读取 Record 数据集
record_df = pd.read_excel("Rec_sys_data.xlsx")
# 读取 Customer 数据集
customer_df = pd.read_excel("Rec_sys_data.xlsx", sheet_name = 'customer')
# 读取 Product 数据集
prod_df = pd.read_excel("Rec_sys_data.xlsx", sheet_name = 'product')
```

接下来，打印 DataFrame 的前 5 行:

```
# 查看前 5 行数据
print(record_df.head())
print(customer_df.head())
print(prod_df.head())
```

图 9-4 显示了记录数据的前 5 行输出。

	InvoiceNo	StockCode	Quantity	InvoiceDate	DeliveryDate	Discount%	ShipMode	ShippingCost	CustomerID
0	536365	84029E	6	2010-12-01 08:26:00	2010-12-02 08:26:00	0.20	ExpressAir	30.12	17850
1	536365	71053	6	2010-12-01 08:26:00	2010-12-02 08:26:00	0.21	ExpressAir	30.12	17850
2	536365	21730	6	2010-12-01 08:26:00	2010-12-03 08:26:00	0.56	Regular Air	15.22	17850
3	536365	84406B	8	2010-12-01 08:26:00	2010-12-03 08:26:00	0.30	Regular Air	15.22	17850
4	536365	22752	2	2010-12-01 08:26:00	2010-12-04 08:26:00	0.57	Delivery Truck	5.81	17850

图 9-4　输出结果

图 9-5 显示了客户数据的前 5 行输出。

	CustomerID	Gender	Age	Income	Zipcode	Customer Segment
0	13089	male	53	High	8625	Small Business
1	15810	female	22	Low	87797	Small Business
2	15556	female	29	High	29257	Corporate
3	13137	male	29	Medium	97818	Middle class
4	16241	male	36	Low	79200	Small Business

图 9-5　输出结果

图 9-6 显示了产品数据的前 5 行输出。

	StockCode	Product Name	Description	Category	Brand	Unit Price
0	22629	Ganma Superheroes Ordinary Life Case For Samsu...	New unique design, great gift High quality pla...	Cell Phones|Cellphone Accessories|Cases & Prot...	Ganma	13.99
1	21238	Eye Buy Express Prescription Glasses Mens Wome...	Rounded rectangular cat-eye reading glasses. T...	Health|Home Health Care|Daily Living Aids	Eye Buy Express	19.22
2	22181	MightySkins Skin Decal Wrap Compatible with Ni...	Each Nintendo 2DS kit is printed with super-hi...	Video Games|Video Game Accessories|Accessories...	Mightyskins	14.99
3	84879	Mediven Sheer and Soft 15-20 mmHg Thigh w/ Lac...	The sheerest compression stocking in its class.	Health|Medicine Cabinet|Braces & Supports	Medi	62.38
4	84836	Stupell Industries Chevron Initial Wall D cor	Features -Made in the USA. -Sawtooth hanger o...	Home Improvement|Paint|Wall Decals|All Wall De...	Stupell Industries	35.99

图 9-6　输出结果

数据预处理

从records_df中选择所需的列并移除其中的任何空值。此外，为了获取建模所需的输入数据，还需要移除项目 ID（StockCode）字符串：

```
# 选择列
df = record_df[['CustomerID','StockCode','Quantity','DeliveryDate']]
# 在此次实验中，需要将字符串类型的 StockCodes（项目 id）转换为数值类型，因为 NCF 只接受整
数 id
df["StockCode"] = df["StockCode"].apply(lambda x: pd.to_numeric(x,
errors='coerce')).dropna()
# 移除空值
df = df.dropna()
print(df.shape)
df
```

图 9-7 显示了选择所需列后的订单数据输出。

```
(272404, 4)
```

	CustomerID	StockCode	Quantity	DeliveryDate
0	17850	84029E	6	2010-12-02 08:26:00
1	17850	71053	6	2010-12-02 08:26:00
2	17850	21730	6	2010-12-03 08:26:00
3	17850	84406B	8	2010-12-03 08:26:00
4	17850	22752	2	2010-12-04 08:26:00
...	...	...	...	...
272399	15249	23399	12	2011-10-08 11:37:00
272400	15249	22727	4	2011-10-08 11:37:00
272401	15249	23434	12	2011-10-08 11:37:00
272402	15249	23340	12	2011-10-07 11:37:00
272403	15249	23209	10	2011-10-08 11:37:00

272404 rows × 4 columns

图 9-7　输出结果

接下来，为一些列重命名：

```
# header-["userID", "itemID", "rating", "timestamp"]
df = df.rename(columns={
'CustomerID':"userID",'StockCode':"itemID",'Quantity':"rating",'DeliveryDate':"time
stamp"
})
```

由于 NCF 需要整数格式，所以我们将把 user_id 和 item_id 的数据类型更改为整数：

```
df["userID"] = df["userID"].astype(int)
df["itemID"] = df["itemID"].astype(int)
```

拆分训练集和测试集

数据将拆分为两部分：一部分用于训练模型，称为训练集；另一部分用于评估模型，称为测试集。使用 utilities 中提供的 Spark chronological splitter 来拆分数据：

```
train, test = python_chrono_split(df, 0.75)
```

将训练和测试数据保存到两个独立的文件中，之后再加载到模型初始化函数中：

```
train_file = "./train.csv"
test_file = "./test.csv"
train.to_csv(train_file, index=False)
test.to_csv(test_file, index=False)
```

建模和推荐

我们将在训练数据上训练神经协同过滤（NCF）模型，并获取测试数据的前 k 个最推荐的项目。NCF 接受隐式反馈（implicit feedback），并生成一个 0 到 1 的推荐概率，该概率表示商品被推荐给客户的可能性。然后可以据此生成一个推荐商品列表。需要注意的是，为了减少训练时间，这个快速启动的笔记本使用的训练 epoch 较少，因此模型的性能可能会有所下降。

在构建模型之前，我们需要定义一些模型参数：

```
# 推荐的前 k 个项目
TOP_K = 10
# 模型参数
```

```
EPOCHS = 50
BATCH_SIZE = 256
SEED = 42
# 准备数据
data = NCFDataset(train_file=train_file, test_file=test_file, seed=SEED)
# 训练 NCF 模型
model = NCF (
    n_users=data.n_users,
    n_items=data.n_items,
    model_type="NeuMF",
    n_factors=4,
    layer_sizes=[16,8,4],
    n_epochs=EPOCHS,
    batch_size=BATCH_SIZE,
    learning_rate=1e-3,
    verbose=10,
    seed=SEED
)
# 添加训练计时器
with Timer() as train_time:
    model.fit(data)
print("Took {} seconds for training.".format(train_time))
# 添加预测计时器
with Timer() as test_time:
    users, items, preds = [], [], []
    item = list(train.itemID.unique())
    for user in train.userID.unique():
        user = [user] * len(item)
        users.extend(user)
        items.extend(item)
        preds.extend(list(model.predict(user, item, is_list=True)))
    all_predictions = pd.DataFrame(data={"userID": users, "itemID":items, "prediction":preds})
    merged = pd.merge(train, all_predictions, on=["userID", "itemID"], how="outer")
    all_predictions = merged[merged.rating.isnull()].drop('rating', axis=1)
print("Took {} seconds for prediction.".format(test_time))
```

输出结果如下所示：

```
Took 842.6078 seconds for training.
Took 24.8943 seconds for prediction.
```

这里，所有的预测都存储在 all_predictions 对象中。

使用不同的度量方法来评估 NCF 的性能：

```
# 评估模型
```

```
eval_map = map_at_k(test, all_predictions, col_prediction='prediction', k=TOP_K)
eval_ndcg = ndcg_at_k(test, all_predictions, col_prediction='prediction', k=TOP K)
eval_precision = precision_at_k(test, all_predictions, col_prediction='prediction', k=TOP_K)
eval_recall = recall_at_k(test, all_predictions, col_prediction='prediction', k=TOP_K)
print("MAP:\t%f" % eval_map,
"NDCG:\t%f" % eval_ndcg,
"Precision@K:\t%f" % eval_precision,
"Recall@K:\t%f" % eval_recall, sep='\n')
```

输出结果如下所示：

```
MAP: 0.020692
NDCG: 0.064364
Precision@K: 0.047777
Recall@K: 0.051526
```

读取推荐的数据：

```
# 读取数据
df_order = pd.read_excel('Rec_sys_data.xlsx', 'order')
df_customer = pd.read_excel('Rec_sys_data.xlsx', 'customer')
df_product = pd.read_excel('Rec_sys_data.xlsx', 'product')
```

现在，包含模型给出的一组推荐的 all_predictions 对象已经创建好了。

选择需要的列并重命名：

```
# 选择列
all_predictions = all_predictions[['userID','itemID','prediction']]
# 为列重命名
all_predictions = all_predictions.rename(columns={
"userID":'CustomerID',"itemID":'StockCode',"rating":'Quantity','prediction':'probability'
})
```

现在，来编写一个通过输入客户 ID 来推荐产品的函数。该函数将使用 all_predictions 对象来推荐产品：

```
def recommend_product(customer_id):
    print(" \n---------- Top 5 Bought StockCodes -----------\n")
    print(df_order[df_order['CustomerID']==customer_id][['CustomerID','StockCode','
    Quantity']].nlargest(5,'Quantity'))
    top_5_bought = df_order[df_order['CustomerID']==customer_id][['CustomerID','Sto
    ckCode','Quantity']].nlargest(5,'Quantity')
    print('\n-------Product Name of bought StockCodes ------\n')
    print(df_product[df_product.StockCode.isin(top_5_bought.StockCode)]['Product Name'])
    print("\n --------- Top 5 Recommendations ------------ \n")
    print(all_predictions[all_predictions['CustomerID']==customer_id].nlargest(5,'probability'))
```

```
recommend = all_predictions[all_predictions['CustomerID']==customer_id].nlargest
(5,'probability')
print('\n-------Product Name of Recommendations ------\n')
print(df_product[df_product.StockCode.isin(recommend.StockCode)]['Product Name'])
```

该函数将获取以下信息：

- 给定客户购买得最多的前五个产品的 stock codes（项目 ID）和产品名称
- 从 NCF 中获取对同一客户的前 5 个推荐

使用这个函数为客户 13137 和客户 15127 推荐产品：

recommend_product(13137)

图 9-8 展示了针对客户 13137 的推荐。

```
---------- Top 5 Bought StockCodes -----------

        CustomerID StockCode  Quantity
234414      13137     84077     48
234443      13137     23321     13
50797       13137     21985     12
234404      13137     22296     12
234418      13137     22297     12


-------Product Name of bought StockCodes ------

70      MightySkins Skin Decal Wrap Compatible with Li...
490              Window Tint Film Mitsubishi (all doors) DIY
694     Harriton Men's Paradise Short-Sleeve Performan...
1065    MightySkins Skin For Samsung Galaxy J3 (2016),...
1339    MightySkins Skin Decal Wrap Compatible with Le...
Name: Product Name, dtype: object


 --------- Top 5 Recommendations ------------

        CustomerID StockCode  probability
1951608     13137    85123A    0.975194
1952595     13137     21034    0.971388
1951667     13137     22197    0.960145
1951758     13137    85099F    0.929778
1952914     13137     22766    0.917395


-------Product Name of Recommendations ------

63      Tom Ford Lip Color Sheer 0.07Oz/2g New In Box ...
```

```
135    Mediven Sheer and Soft 15-20 mmHg Thigh w/ Lac...
161    Union 3" Female Ports Stainless Steel Pipe Fit...
215    MightySkins Skin Decal Wrap Compatible with Ap...
236    MightySkins Skin Decal Wrap Compatible with HP...
Name: Product Name, dtype: object
```

图 9-8　输出结果

针对客户 15127 的推荐如下：

recommend_product(15127)

图 9-9 展示了针对客户 15127 的推荐。

```
---------- Top 5 Bought StockCodes -----------

         CustomerID StockCode  Quantity
272296      15127     23263       48
272287      15127     23354       24
272288      15127     22813       24
272289      15127     23096       24
272285      15127     21181       12

-------Product Name of bought StockCodes ------

13                 billyboards Porcelain School Chalkboard
374    MightySkins Protective Vinyl Skin Decal for Po...
923    Zoan Synchrony Duo Sport Electric Snow Helmet ...
952    MightySkins Skin Decal Wrap Compatible with Sm...
1576   EMPIRE KLIX Klutch Designer Wallet Case for LG G2
Name: Product Name, dtype: object

--------- Top 5 Recommendations ------------

         CustomerID StockCode  probability
6135734     15127     84879     0.973742
6137006     15127     35970     0.935546
6136832     15127     21034     0.931347
6137564     15127     23356     0.925915
6137220     15127     85049A    0.922400

-------Product Name ot Recommendations ------

3      Mediven Sheer and Soft 15-20 mmHg Thigh w/ Lac...
215    MightySkins Skin Decal Wrap Compatible with Ap...
```

```
288        MightySkins Skin Decal Wrap Compatible with Sm...
1558       Ebe Men Black Rectangle Half Rim Spring Hinge ...
1713       Ebe Prescription Glasses Mens Womens Burgundy ...
Name: Product Name, dtype: object
```

图 9-9   输出结果

小结

本章介绍了深度学习以及基于深度学习的推荐系统如何工作。我们通过使用神经协同过滤（NCF）实现了一个端到端的深度学习推荐系统展示了这个概念。基于深度学习的推荐系统是一个非常新颖但高度相关的领域，近年来已经展现出了相当有前景的结果。如果有足够多的数据和足够强大的计算能力，基于深度学习的技术肯定会超越市场上的其他技术，因此，这是技术储备中非常重要的概念之一。

第 10 章

基于图的推荐系统

前一章介绍了基于深度学习的推荐系统，并解释了如何实现端到端的神经协同过滤。在本章中，我们将探索另一种新兴的进阶方法：由知识图谱驱动的基于图的推荐系统。

图 10-1 展示的推荐系统基于图，用于电影推荐。

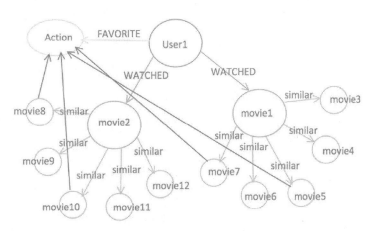

图 10-1　基于图的电影推荐系统

在基于图的推荐系统中，知识图谱结构代表客户和项目之间的关系。知识图谱是一种由多个相互连接的数据集组成的网络结构，它富含语义信息，并通过图形展示多个实体之间的关系。当图形结构被可视化时，它主要有三个基本组成部分：节点、边和标签。边定义了两个节点（或实体）之间的关系，其中每个节点可以是任何对象，比如客户、项目、地点等。底层的语义提供了对已定义关系的额外的动态上下文，使更复杂的决策得以实行。

图 10-2 展示了知识图谱结构中一个简单的一对一关系。

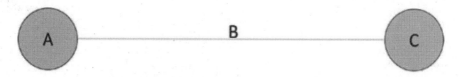

A代表主语，B代表谓语，C代表宾语

图 10-2　简单的知识图谱连接

图 10-3 解释了知识图谱。

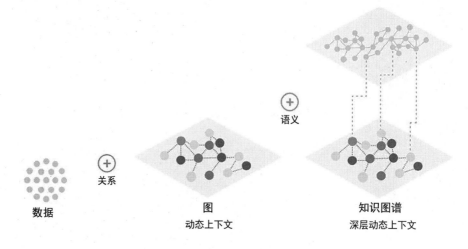

图 10-3　知识图谱解析

本章使用 Neo4j 来构建知识图谱。Neo4j 是目前市场上最优秀的图数据库之一，它是一个高性能的图存储系统，有客户友好的查询语言，可扩展性高且稳健。

知识图谱将用于找到与目标客户有相似特征的其他客户，以便为目标客户提供相应的推荐。

实现

通过以下代码安装并导入需要用到的包和库：

```
# 安装需要用到的包
!pip install py2neo
```

```
!pip install openpyxl --upgrade
!pip install neo4j
!pip install neo4jupyter
# 导入需要用到的库
import pandas as pd
from neo4j import GraphDatabase, basic_auth
from py2neo import Graph
import re
import neo4jupyter
```

在建立 Neo4j 和笔记本的连接之前，需要在 https://neo4j.com/sandbox/ 中新建一个沙盒。

创建沙盒后，必须更改 URL 和密码。这可以在 Connection details（连接详情）中找到，如图 10-4 所示。

图 10-4　连接详情

建立 Neo4j 和 Python 笔记本之间的连接：

```
# 建立连接
g = Graph("bolt://44.192.55.13:7687", password = "butter-ohms-chairman")
# 在 neo4j 创建新的沙盒时，需要替换 "bolt://34.201.241.51:7687" 这个 url
# 在不同的应用场景中，"neo4j" 和 "whirls-bullet-boils" 的凭据也需要替换
driver = GraphDatabase.driver(
"bolt://44.192.55.13:7687",
auth=basic_auth("neo4j", "butter-ohms-chairman"))
def execute_transactions(transaction_execution_commands):
# 建立数据库连接
data_base_connection = GraphDatabase.driver
```

```
("bolt://44.192.55.13:7687",
auth=basic_auth("neo4j", "butter-ohms-chairman"))
# 创建一个会话
session = data_base_connection.session()
for i in transaction_execution_commands:
session.run(i)
```

导入数据：

```
# 这个数据集包含的交易将用于建立客户和库存之间的关系
df = pd.read_excel(r'Rec_sys_data.xlsx')
# 进行一些预处理，这样就可以轻松地运行 NoSQL 查询了
df['CustomerID'] = df['CustomerID'].apply(str)
# 这个数据集包含每个库存的详细信息，它将被用于链接库存代码和它们的描述 / 标题
df1 = pd.read_excel('Rec_sys_data.xlsx','product')
df1.head()
```

图 10-5 展示了 df1 的前 5 行输出。

	StockCode	Product Name	Description	Category	Brand	Unit Price
0	22629	Ganma Superheroes Ordinary Life Case For Samsu...	New unique design, great gift.High quality pla...	Cell Phones|Cellphone Accessories|Cases & Prot...	Ganma	13.99
1	21238	Eye Buy Express Prescription Glasses Mens Wome...	Rounded rectangular cat-eye reading glasses. T...	Health|Home Health Care|Daily Living Aids	Eye Buy Express	19.22
2	22181	MightySkins Skin Decal Wrap Compatible with Ni...	Each Nintendo 2DS kit is printed with super-hi...	Video Games|Video Game Accessories|Accessories...	Mightyskins	14.99
3	84879	Mediven Sheer and Soft 15-20 mmHg Thigh w/ Lac...	The sheerest compression stocking in its class...	Health|Medicine Cabinet|Braces & Supports	Medi	62.38
4	84836	Stupell Industries Chevron Initial Wall D cor	Features: -Made in the USA. -Sawtooth hanger o...	Home Improvement|Paint|Wall Decals|All Wall De...	Stupell Industries	35.99

图 10-5   输出结果

接着，将实体上传到 Neo4j 数据库。若想在 Neo4J 中实现知识图谱，必须将 DataFrame 转换为关系型数据库。首先，必须将客户和库存转换为实体（图的节点），以便在它们之间建立关系：

```
# 创建一个包含所有唯一客户 ID 的列表
customerids = df['CustomerID'].unique().tolist()

# 将所有待执行的创建命令存储到 create_customers 列表中
create_customers = []
for i in customerids:
    # 创建语句示例 "create (n:entity {property_key : '12345'})"
    statement = "create (c:customer{cid:"+ '"' + str(i) + '"' +"})"
    create_customers.append(statement)

# 在 neo4j 中运行所有查询，以创建客户实体
execute_transactions(create_customers)
```

创建了客户节点后，接下来创建产品的节点。

```
# 创建一个包含所有唯一产品代码的列表
stockcodes = df['StockCode'].unique().tolist()

# 将所有待执行的创建命令存储到 create_stockcodes 列表中
create_stockcodes = []
for i in stockcodes:
    # 创建语句示例 "create (m:entity {property_key : 'XYZ'})"
    statement = "create (s:stock{stockcode:"+ '"' + str(i) + '"' +"})"
    create_stockcodes.append(statement)

# 在 neo4j 中执行所有查询，以创建产品实体
execute_transactions(create_stockcodes)
```

接下来，创建产品代码和标题之间的链接，这对于推荐产品是必要的。为此，在 Neo4j 数据库的现有产品实体中创建一个名为 Title 的新属性键（property key）：

```
# 创建一个空的 DataFrame
df2 = pd.DataFrame(columns = ['StockCode', 'Title'])
# 将两个 DataFrame 中的产品代码转换为字符串
df['StockCode'] = df['StockCode'].astype(str)
df1['StockCode'] = df1['StockCode'].astype(str)
# 这段代码将把所有唯一的产品代码及其标题添加到 df2 中
stockcodes = df['StockCode'].unique().tolist()
for i in range(len(stockcodes)):
    dict_temp = {}
    dict_temp['StockCode'] = stockcodes[i]
    dict_temp['Title'] = df1[df1['StockCode']==stockcodes[i]]['Product Name'].values
    temp_Df = pd.DataFrame([dict_temp])
    df2 = df2.append(temp_Df)
df2= df2.reset_index(drop=True)
# 进行一些数据预处理，以便这些查询可以在 neo4j 中运行
df2['Title'] = df2['Title'].apply(str)
df2['Title'] = df2['Title'].map(lambda x: re.sub(r'\W+', ' ', x))
df2['Title'] = df2['Title'].apply(str)
# 这个查询将向我们的 neo4j 数据库中的每个产品实体添加 'title' 属性键
for i in range(len(df2)):
    query = """
    MATCH (s:stock {stockcode:""" + '"' + str(df2['StockCode'][i]) + '"' + """})
    SET s.title ="""+ '"' + str(df2['Title'][i]) + '"' + """
    RETURN s.stockcode, s.title
    """

    g.run(query)
```

在客户和库存产品之间建立关系。由于所有的交易数据都在数据集中，所以这种关系已经明确存在了。为了将其转化为关系数据库服务（RDS），必须在 Neo4j 中运行 Cypher 查询来建立这种关系：

```
# 将交易值存储在一个列表中
transaction_list = df.values.tolist()
# 将所有用于建立关系的命令存储在一个空列表 relation 中
relation = []
for i in transaction_list:
    # df 中的第 9 列是 customerID，第 2 列是 stockcode，将它们添加到声明中
    statement = """MATCH (a:customer),(b:stock) WHERE a.cid = """+'"' + str(i[8])+ '"'
+ """ AND b.stockcode = """ + '"' + str(i[1]) + '"' + """ CREATE (a)-[:bought]->(b) """
    relation.append(statement)

execute_transactions(relation)
```

接下来，使用创建的关系来找出客户之间的相似性。可以通过两个集合的交集大小除以两个集合的并集大小来计算 Jaccard 相似度。它是一种相似度度量，作为百分比值，它的范围在 0% 到 100% 之间。集合越相似，它的值就越高：

```
def similar_users(id):
    # 该查询将找出与指定客户 id 的客户购买过相同产品的客户
    # 随后我们将为每个客户找出 Jaccard 相似度
    # 我们将按照 Jaccard 相似度来为 neighbors 降序排列
    query = """
    MATCH (c1:customer)-[:bought]->(s:stock)<-[:bought]-(c2:customer)
    WHERE c1 <> c2 AND c1.cid ="""" + '"' + str(id) +'"' """
    WITH c1, c2, COUNT(DISTINCT s) as intersection
    MATCH (c:customer)-[:bought]->(s:stock)
    WHERE c in [c1, c2]
    WITH c1, c2, intersection, COUNT(DISTINCT s) as union
    WITH c1, c2, intersection, union, (intersection * 1.0 / union) as jaccard_index
    ORDER BY jaccard_index DESC, c2.cid
    WITH c1, COLLECT([c2.cid, jaccard_index, intersection, union])[0..15] as neighbors
    WHERE SIZE(neighbors) = 15 // return users with enough neighbors
    RETURN c1.cid as customer, neighbors
    """
    neighbors = pd.DataFrame([['CustomerID','JaccardIndex','Intersection','Union']])
    for i in g.run(query).data():
        neighbors = neighbors.append(i["neighbors"])
    print("\n----------- customer's 15 nearest neighbors ---------\n")
    print(neighbors)
```

示例输出如下：

similar_users('12347')

图 10-6 显示了所输出的与客户 12347 相似的客户。

```
----------- customer's 15 nearest neighbors ---------

           0            1              2        3
0   CustomerID  JaccardIndex  Intersection    Union
0        17396      0.111111            10       90
1        13821      0.108333            13      120
2        17097      0.107784            18      167
3        13324      0.103093            10       97
4        15658      0.099099            11      111
5        15606      0.097345            11      113
6        16389       0.09375             9       96
7        18092      0.092784             9       97
8        13814      0.091743            10      109
9        13265       0.08871            11      124
10       13488      0.087248            26      298
11       12843      0.086957            12      138
12       16618      0.086207            10      116
13       15502      0.084821            19      224
14       17722       0.08427            15      178
```

图 10-6　输出结果

找出与客户 17975 相似的客户：

similar_users('17975')

图 10-7 显示了所输出的与客户 17975 相似的客户。

```
----------- customer's 15 nearest neighbors ---------

           0            1              2        3
0   CustomerID  JaccardIndex  Intersection    Union
0        15356      0.131098            43      328
1        18231      0.126531            31      245
2        14395      0.125436            36      287
3        15856      0.124668            47      377
4        16907      0.124424            27      217
5        17787      0.123404            29      235
6        15059       0.11236            30      267
```

图 10-7　输出结果

7	13344	0.11215	24	214
8	16222	0.111111	29	261
9	17085	0.108949	28	257
10	17450	0.10687	28	262
11	17865	0.106796	33	309
12	16910	0.106061	35	330
13	16549	0.105919	34	321
14	13263	0.105155	51	485

图 10-7　输出结果（续）

现在，根据相似客户来推荐产品：

```
def recommend(id):
    # 下面的查询和 similar_users 函数一样
    # 它将返回最相似的客户
    query1 = """
    MATCH (c1:customer)-[:bought]->(s:stock)<-[:bought]-(c2:customer)
    WHERE c1 <> c2 AND c1.cid ="""  + '"' + str(id) +'"' """
    WITH c1, c2, COUNT(DISTINCT s) as intersection
    MATCH (c:customer)-[:bought]->(s:stock)
    WHERE c in [c1, c2]
    WITH c1, c2, intersection, COUNT(DISTINCT s) as union
    WITH c1, c2, intersection, union, (intersection * 1.0 / union) as jaccard_index
    ORDER BY jaccard_index DESC, c2.cid
    WITH c1, COLLECT([c2.cid, jaccard_index, intersection, union])[0..15] as neighbors
    WHERE SIZE(neighbors) = 15 // return users with enough neighbors
    RETURN c1.cid as customer, neighbors
    """
    neighbors = pd.DataFrame([['CustomerID','JaccardIndex','Intersection','Union']])
    neighbors_list = {}
    for i in g.run(query1).data():
        neighbors = neighbors.append(i["neighbors"])
        neighbors_list[i["customer"]] = i["neighbors"]
    print(neighbors_list)
    # 从返回的 neighbors 列表中，我们将获取那些邻居的客户 id 以推荐产品
    nearest_neighbors = [neighbors_list[id][i][0] for i in range(len(neighbors_list[id]))]
    # 下面的查询将获取最近邻购买的所有产品
    # 我们将移除目标客户已经购买过的产品
    # 现在从过滤后的产品集中，我们将计算每种产品在最近邻的购物车中出现的次数
    # 我们将按产品的出现次数对该列表进行排序，并以降序返回
    query2 = """
```

```
MATCH (c1:customer),(neighbor:customer)-[:bought]->(s:stock)
WHERE c1.cid = """ + '"' + str(id) + '"' """
AND neighbor.cid in $nearest_neighbors
AND not (c1)-[:bought]->(s) // filter for items that our user hasn't bought before
WITH c1, s, COUNT(DISTINCT neighbor) as countnns // times bought by nearest neighbors
ORDER BY c1.cid, countnns DESC
RETURN c1.cid as customer, COLLECT([s.title, s.stockcode, countnns])[0..$n] as recommendations
"""
recommendations = pd.DataFrame([['Title','StockCode','Number of times bought by neighbors']])
for i in g.run(query2, id = id, nearest_neighbors = nearest_neighbors, n = 5).data():
    recommendations = recommendations.append(i["recommendations"])
# 我们还将打印目标客户之前购买的产品
print(" \n---------- Top 8 StockCodes bought by customer " + str(id) + " -----------\n")
print(df[df['CustomerID']==id][['CustomerID','StockCode','Quantity']].nlargest
(8,'Quantity'))
bought = df[df['CustomerID']==id][['CustomerID','StockCode','Quantity']].nlargest
(8,'Quantity')
print('\n-------Product Name of bought StockCodes ------\n')
print((df1[df1.StockCode.isin(bought.StockCode)]['Product Name']).to_string())
# 这里我们将打印推荐
print("------------ \n Recommendations for Customer {} -------\n".format(id))
print(recommendations.to_string())
```

这个函数将获取以下信息：

- 特定客户最常购买的 8 个产品的库存代码和产品名称；
- 为同一客户推荐的产品，以及相似客户购买同一产品的次数。

遵循以下步骤以达到预期结果。

- 获取和指定客户最相似的客户。
- 获取最近邻购买的所有产品，并移除目标客户已经购买过的产品。
- 从过滤后的产品集中，计算每种产品在最近邻的购物车中出现的次数，然后按次数对该列表进行排序，并以降序返回。

现在，尝试为客户 17850 提供推荐：

```
recommend('17850')
```

图 10-8 显示了为客户 17850 输出的推荐：

{'17850': [['15497', 0.14814814814814814, 4, 27], ['17169', 0.14705882352941177, 5, 34], ['18170', 0.14285714285714285, 6, 4
2], ['15636', 0.1388888888888889, 5, 36], ['13187', 0.13725490196078433, 7, 51], ['15722', 0.1276595744680851, 6, 47], ['154
82', 0.11764705882352941, 4, 34], ['13161', 0.11538461538461539, 3, 26], ['14035', 0.11428571428571428, 4, 35], ['17866', 0.
1111111111111111, 3, 27], ['13884', 0.10714285714285714, 6, 56], ['14440', 0.10638297872340426, 5, 47], ['12747', 0.1, 5, 5
0], ['17742', 0.0967741935483871, 3, 31], ['14163', 0.09615384615384616, 5, 52]]}

```
---------- Top 8 StockCodes bought by customer 17850 -----------

      CustomerID StockCode  Quantity
285        17850    82494L        12
2629       17850    85123A        12
2634       17850     71053        12
2978       17850     71053        12
2983       17850    85123A        12
3299       17850     71053        12
3301       17850     21068        12
3302       17850    84029G        12

-------Product Name of bought StockCodes ------

135      Mediven Sheer and Soft 15-20 mmHg Thigh w/ Lac...
162      Heavy Duty Handlebar Motorcycle Mount Holder K...
179            AARCO Enclosed Wall Mounted Bulletin Board
669      3 1/2"W x 20"D x 20"H Funston Craftsman Smooth...
967      Awkward Styles Shamrock Flag St. Patrick's Day...
-----------
Recommendations for Customer 17850 ------
```

```
2
0                                                                                     0         1
r of times bought by neighbors                                                    Title StockCode Numbe
0                      Puppy Apparel Clothes Clothing Dog Sweatshirt Pullover Coat Hoodie Gift for Pet   21754
5
1     Mediven Sheer and Soft 15 20 mmHg Thigh w Lace Silicone Top Band CT Wheat II Ankle 8 8 75 inches   84879
5
2                                        The Holiday Aisle LED C7 Faceted Christmas Light Bulb   22470
5
3     Mediven Sheer and Soft 15 20 mmHg Thigh w Lace Silicone Top Band CT Wheat II Ankle 8 8 75 inches   82484
4
4  MightySkins Skin Decal Wrap Compatible with Lifeproof Sticker Protective Cover 100 s of Color Options   22469
4
```

图 10-8 输出结果

现在，尝试为客户 12347 提供推荐，输出结果如图 10-9 所示。

```
recommend('12347')
```

{'12347': [['17396', 0.1111111111111111, 10, 90], ['13821', 0.10833333333333334, 13, 120], ['17097', 0.10778443113772455, 1
8, 167], ['13324', 0.10309278350515463, 10, 97], ['15658', 0.0990099009900991, 11, 111], ['15606', 0.09734513274336283, 11,
113], ['16389', 0.09375, 9, 96], ['18092', 0.09278350515463918, 9, 97], ['13814', 0.09174311926605505, 10, 109], ['13265',
0.08870967741935484, 11, 124], ['13488', 0.087248322147651, 26, 298], ['12843', 0.08695652173913043, 12, 138], ['16618', 0.0
8620689655172414, 10, 116], ['15502', 0.08482142857142858, 19, 224], ['17722', 0.08426966292134831, 15, 178]]}

```
---------- Top 8 StockCodes bought by customer 12347 -----------

       CustomerID StockCode  Quantity
99443       12347     23076       240
10526       12347     22492        36
99444       12347     22492        36
153949      12347     17021        36
200488      12347    84558A        36
10527       12347    85167B        30
10534       12347    84558A        24
43446       12347     84991        24

-------Product Name of bought StockCodes ------

33           Rosalind Wheeler Wall Mounted Bulletin Board
447     Eye Buy Express Kids Childrens Reading Glasses...
782     6pc Boy Formal Necktie Black & White Suit Set ...
1607    3 1/2"W x 32"D x 36"H Traditional Arts & Craft...
1820         Fruit of the Loom T-Shirts HD Cotton Tank Top
2668    Vickerman 14" Finial Drop Christmas Ornaments,...
-----------
Recommendations for Customer 12347 -------


0              1                                  2
0                                  Handcrafted Ercolano Music Box Featuring Luncheon of the Boating Party by Ren
Title  StockCode  Number of times bought by neighbors
oir Pierre Auguste New YorkNew York        22697                   8
1                                                                                                        Window
Tint Film Mitsubishi all doors DIY         22698                   8
2  Girls Dress Up Kids Crafts Hair Kit With Hair Makes 10 Unique Hair Accessories Assortment of Kids Fashion Headbands Craf
t Kit Perfect Beauty Shop Play Date        22427                   6
3                                          Elite Series Counter Height Storage Cabinet with Adjustable
Shelves 46 W x 24 D x 42 H Charcoal        23245                   6
4                                                                               Port Authority K110 Dry Z
one UV Micro Mesh Polo Gusty Grey S        47566                   5
```

图 10-9　输出结果

小结

本章简要介绍了知识图谱和基于图的推荐引擎是如何工作的。我们研究了一个实际案例，使用 Neo4j 知识图谱实现了一个端到端的基于图的推荐系统。案例中使用的概念非常新颖和先进，近年来也变得越来越流行。奈飞和亚马逊这样的大公司正在将其推荐系统转向基于图的系统，如此看来，理解和掌握这种方法是非常重要的。

第 11 章

新兴领域和新技术

本书前面展示了使用多种技术实现的多个推荐系统。大家已经对这些方法有了全面的了解。深度学习和基于图的方法等主题仍在不断进步。长期以来，推荐系统一直是一个主要或者说主流的研究领域，新的、更复杂的、更有趣的研究在持续进行中。

本章探索实时、上下文感知、对话式和多任务推荐，借此来展示该领域的研究潜力和发展空间。

实时推荐

通常情况下，批量推荐（batch recommendation）的计算成本较低，并且，由于可以预先生成（例如，每天生成一次）且更易于运营，因此更受欢迎。然而，近期的研究更侧重于开发实时推荐。实时推荐的计算成本通常更高，因为它们必须基于用户的实时交互来按需生成。实时推荐的运营也更为复杂。

既然如此，我们为什么需要实时推荐呢？当一个以时间和任务为中心的用户旅程依赖于特定上下文时，实时推荐就显得至关重要了。在大多数情况下，实时需求须在用户失去兴趣和需求消失之前得到满足。此外，对用户旅程的实时分析可以在当前场景中提供更好的推荐，而批量推荐则会推荐与用户既往交互中看到过或购买过的产品相类似的产品。

对话式推荐

近年来，对开发对话式系统的研究和投入越来越多。人们相信，它将彻底改变未来的人机交互方式。这种影响在推荐系统的最新发展中尤为明显，尤其体现在对话式推荐系统上。

图 11-1 显示了对话式推荐系统的设计。

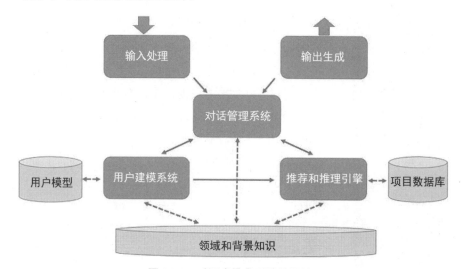

图 11-1　对话式推荐系统的设计

对话式推荐系统旨在是根据文本 / 口语对话来产生推荐，使用户与计算机的互动时能够自然到就像人与人之间的对话。这种系统最近变得极其流行，并在语音助手和聊天机器人中得到了广泛应用。它使用了自然语言理解（输入）和自然语言生成（输出）。在对话管理系统的协助下，针对各种输入对话生成不同的行为反馈。

上下文感知推荐系统

研究人员和实践者已经认识到了上下文信息在许多领域（比如电子商务个性化、信息检索、普适和移动计算、数据挖掘、市场营销和管理）中的重要性。尽管推荐系统领域已经有了大量研究，但许多现有方法并未考虑如时间、地点或是否有人陪同等上下文信息来找到最相关的推荐。推荐系统主要侧重于向用户推荐内容（如看电影或就餐）。越来越多的人认识到，相关的上下文信息在推荐系统中非常重要，在提供推荐时需要考虑这些因素。

上下文感知推荐系统代表一种新兴的研究和实验领域，旨在根据用户在特定时刻的上下文环境，提供更准确的推荐内容。例如，用户是在家里还是在外面？他们使用的是大屏幕还是小屏幕？是在早上还是晚上？上下文感知推荐系统能够考虑到特定用户的可用数据并针对这些上下文信息提供用户可能会接受的推荐。

图 11-2 显示了不同类型的上下文推荐系统。

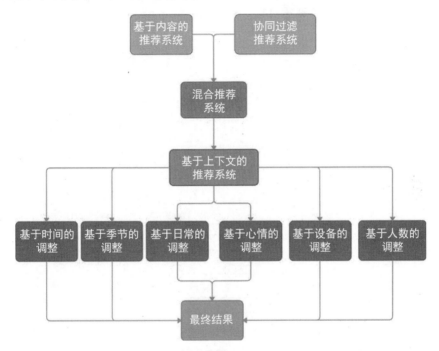

图 11-2　不同类型的上下文推荐系统

多任务推荐系统

在许多领域中，都有很多丰富且重要的反馈来源可以在构建推荐系统用作参考。例如，电商网站通常会记录用户的访问（比如浏览产品页面）、点击（点击流数据）、加入购物车以及在每个用户和每个商品级别上的购买行为。此外，购买后的输入，比如评价和退货，也会被记录卜来。

集成这些不同形式的反馈至关重要，因为这样能够构建出可以产生更好的结果的系统，而不仅仅是构建针对特定任务的模型。这尤其适用于部分数据稀疏（如购买、退货和评价）

而另一部分数据丰富（如点击）的情况。在这些情况下，联合模型能够利用从丰富任务中获取的表示，通过一种被称为"迁移学习"的方法来改善对稀疏任务的预测。

多任务学习是一种机器学习方法，它在同时处理多个学习任务时，利用了这些任务之间的共性和差异性。它主要用于自然语言处理和计算机视觉领域，并取得了极大的成功。近年来，使用这种方法构建稳健的推荐系统引起了广泛的关注。基于多任务学习构建深度神经网络的应用越来越广泛，这主要得益于它的诸多优势，如下所示：

- 可以避免过拟合
- 能提供可解释的输出来解释推荐
- 隐式扩大了数据量来缓解数据稀疏的问题

图 11-3 阐明了多任务学习的架构。

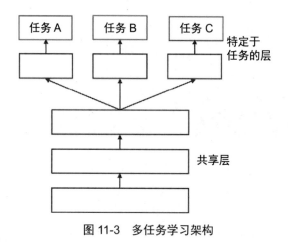

图 11-3　多任务学习架构

也可以部署多任务学习来处理跨领域的推荐，其中每个领域的推荐生成都是一个独立的任务。

联合表征学习

联合表征学习（joint representation learning，JRL）是一种新兴方法，能够同时学习用户和项目的多元表征模型。它采用了深度表征学习的架构，其中每种类型的信息源（如文本评论、产品图片、评分等）都用来学习适当的用户和项目表征。

图 11-4 阐明了 JRL 的表征。

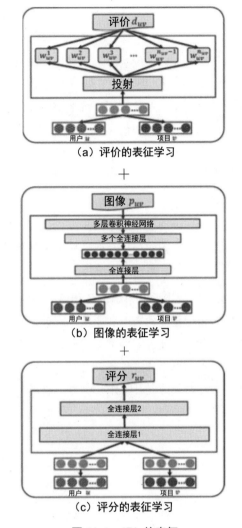

（a）评价的表征学习

＋

（b）图像的表征学习

＋

（c）评分的表征学习

图 11-4　JRL 的表征

在 JRL 中，不同来源的多种表征通过一个独立层集成，形成用户和项目共有的共同表征。在训练阶段的最后，每个信息源的表征层以及联合表征层都通过配对学习进行优化，以便排序并挑选出最可能被用户接受的前 N 个推荐商品。JRL 主要采用简单的向量乘法，因而相比其他深度学习方法，它的在线预测速度往往更快。

小结

推荐系统在电商时代受到了广泛的关注，但实际上，它的存在可以追溯到更早以前。最早的推荐系统诞生于 1979 年，名为"Grundy"，它是一个基于计算机的图书管理员，为读者提供阅读推荐。推荐系统的第一个商业化应用出现在 20 世纪 90 年代初。从那时起，由于推荐系统能够提供难以匹敌的经济利益和节省时间两大优势而迅速崛起。在许多领域中，推荐系统已经成为提升体验的必要工具。最著名的例子就是奈飞及其推荐引擎，它得到了大量的资金支持来专注于研发。

推荐系统在各个领域的持续需求和重要性的提升，催生了构建优秀、可靠且稳健系统的巨大需求。这要求我们在开发这些系统中进行更多的研究和创新。这种做法不仅有利于商业发展，也能帮助用户节省决策时间，找到最适合的选择，大多数手动操作可能无法做到如此高效、精准。

本书综合介绍了用 Python 实现端到端推荐系统的各种流行方法，研究范围从基本的算术运算到先进的基于图的系统。根据具体的需求和领域，所有这些方法都可能派得上用场。掌握这些方法的实践知识将帮助你构建理想的推荐引擎。我们希望本书能成为开发者和从业者的实用工具。我们还希望本书可以通过深化读者对各种概念和推荐引擎实现的理解，进而在这个令人兴奋的领域中更顺利地展开工作和研究，取得更多、更大的成就。